KB126385

빌 게이츠와 대화
BILL GATES

한정환 지음
정승욱 번역

쇼팽의서재

빌 게이츠와 대화

초판 1쇄 인쇄 2023년 10월 15일
초판 1쇄 발행 2023년 11월 01일

지은이 **한정환**
편집 번역 **정승욱**
펴낸곳 **쇼팽의 서재**
편집디자인 **송혜근**
표지디자인 **정예슬**

출판등록 **2011년 10월 12일 제2021- 000253호**
주소 **서울 강남구 역삼동 613- 14**
도서문의 및 **jswook843100@naver.com**
원고모집 **j44776002@gmail.com**
인쇄 제본 **예림인쇄**
배본 발송 **출판물류 비상**
ISBN 979-11-981869-4-2 00500

표지 사진은 한정환 저자 제공 사진입니다.

서문

미국 버지니아에서 노인 내과 전문의로 활동 중인 본인이 고국의 사랑하는 청년들에게 좀 더 다가가려는 마음에서 이 책을 썼다. 80을 훌쩍 넘긴 본인은 도미해 의사 면허를 받은 뒤 50여년 간 현역 의사로 일하고 있다. 앞으로는 AI 시대이다. 몇 년을 더 살지는 모르지만, 아마도 인공지능AI이 지식 세계를 이끄는 시대가 조만간 펼쳐질 것이다.

이 책은 서울의 중견 언론인 출신 정승욱님의 도움을 받아 썼다. 본인은 인공지능 개발을 이끌고 있는 빌 게이츠 William Henry Gates III와는 페북과 이메일 등을 통해 많은 부분에서 생각이 일치했다. 1955년생인 빌 게이츠와 20여년의 나이 차이임에도 건강과 교육 및 청년층 소득 증대 등에서 허심탄회한 대화를 나눌 수 있었다.

페북 등을 통해 그에게 편지를 보내고 답장을 주고받으면서 여러 방면에서 생각을 공유하고 공감하게 되었다. 때로 AI 관련 어려운 전문적인 용어에 대해선 나름 서적을 뒤져 꼼꼼이 보완해 나갔다. 미국 현장의 인공지능에 관한 전문 지식은 빌에게 e메일이나 페북을 통해 묻고 답변을 받아 이 책에 인용했다. 책에 실린 교육 현장이나 의료 현장 사례는 본인의 전문 지식으로 설명했다.

현직 노인병 전문인 본인의 경험을 살려 인용한 대목도 많다. AI가 애초 사람 뇌를 모방해 발전하는 기계임으로 뇌과학을 공부한 본인도 어렵잖게 이해할 수 있었다.

빌은 평소 미국적 불평등에 불만을 드러낸다. 컴퓨터를 대중화시킨 이유에 대해 그는 이렇게 말했다.

"미국 사회에 만연한 불평등은 내가 사랑하고 좋아하는 주변 사람들을 힘들게 한다. 답답하다. 특히 교육 격차, 건강 격차, 소득 격차는 갈수록 커져 미국을 병들게 한다. 컴퓨터 개발도 애초 교육 격차를 해소하려는 목적이었으나, 기대에 못 미쳐 약간 실망했다. 오픈AI의 샘 알트먼과 인공지능을 개발한 이유는 이것이다. 공부 특히 수학을 못해 좋은 직업을 갖지 못하는 청년 청소년들에게 도움을 주고 싶다. 돈 때문에 치매 등 난치 질병을 치료하지 못하는 사람들에게 뭔가 기여를 해야겠다. 내가 만든 재단도 불치병 치료제 개발이 첫째 목적이었으니 말이다."

본인은 빌 게이츠의 이 말에 전적으로 지지를 보냈고, 그의 진심을 믿고 싶다.

그는 OpenAI에 투자할 때 엘론 머스크 Elon Musk, 샘 알트먼

Sam Altman을 비롯해 레이드 호프만 Reid Hoffman, 그렉 브록만Greg Brockman, 일리야 수츠케버 Ilya Sutskever, 존 슐만 John Schulman 등 쟁쟁한 두뇌들의 지지를 받았다. 엘론 머스크의 기여는 상당했지만, 그는 AI 개발 방향에 대해 어떤 영향력도 행사하지 않을 것임을 분명히 했다고 나에게 귀띔했다. 빌은 "OpenAI의 사명은 곧 출현할 인공일반지능 AGI이 모든 사람에게 혜택을 줄 수 있도록 하는 것"이라고 분명히 했다.

빌의 전폭적 지원으로 탄생한 생성형 AI, 즉 스스로 학습하는 인공지능은 챗GPT3.5에 이어 GPT4까지 등장해 그 활용폭을 넓이고, 이제는 대화형 AI가 등장할 시점에 도달했다. 한국 청년들에게도 빌 게이츠의 도전 정신과 정신적 건전함을 전해주고, 특히 세계적으로 큰 활약을 펼치는데 도움을 주고자 한다. 이 글을 탈고할 즈음 빌은 몇 년전 10억달러 투자에 이어 또 100억 달러를 오픈AI에 투자할 것을 밝혔다. 한국 청년들이 일독해서 행복한 젊은 시절을 가꾸는데 도움 되길 바란다.

무엇이든 답변해주는 인공지능 챗봇 챗GPT의 사용법을 간단히 소개하면, 우선 인터넷이든 오픈AI 홈페이지든 들어가 계정 생성과 함께 월 22달러를 결제하면(GPT3.5는 무료, GPT4의 경우)에 자유롭게 이용하며, 질문은 영어로 구체적으로 몇 차례 반복해서 질문하면 원하는 답을 얻을 수 있을 것이다.

2023년 10월 10일

버지니아 애넌데일 연구실에서 **한 정 환**

글 순서

제2장 인공지능과 불치의 병 치료

빌 게이츠가 설명하는 생성형 AI의 충격

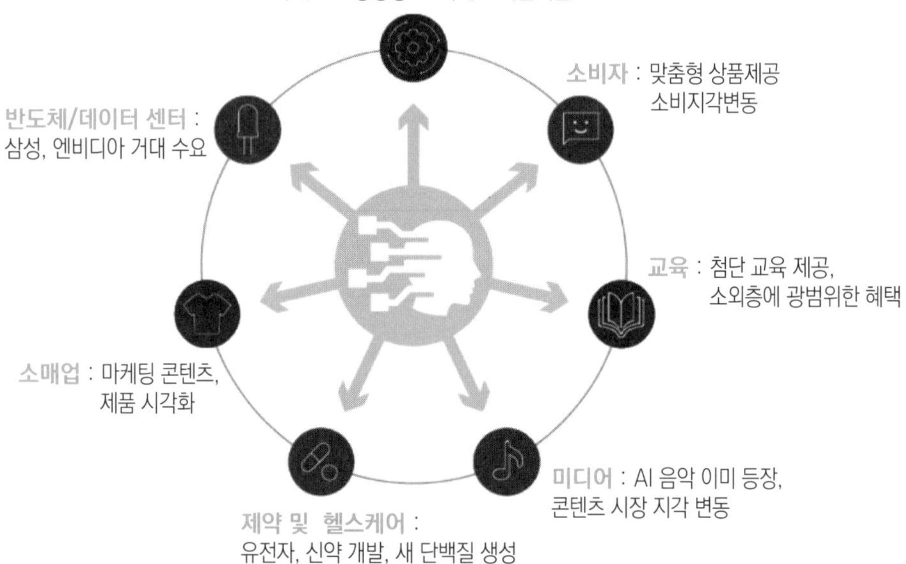

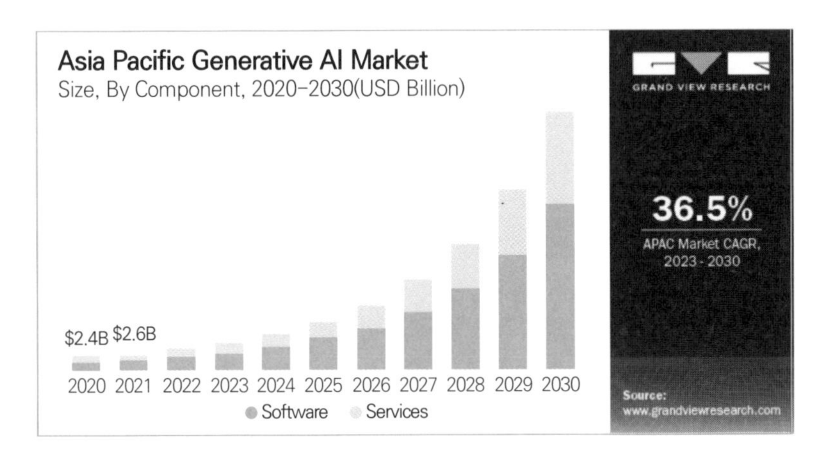

세계적으로 인공지능 관련 연관 산업이 2023년 9월 현재 130억 달러에 달했고, 2030년 무렵엔 수천억 달러에 이를 것으로 예측되었다.

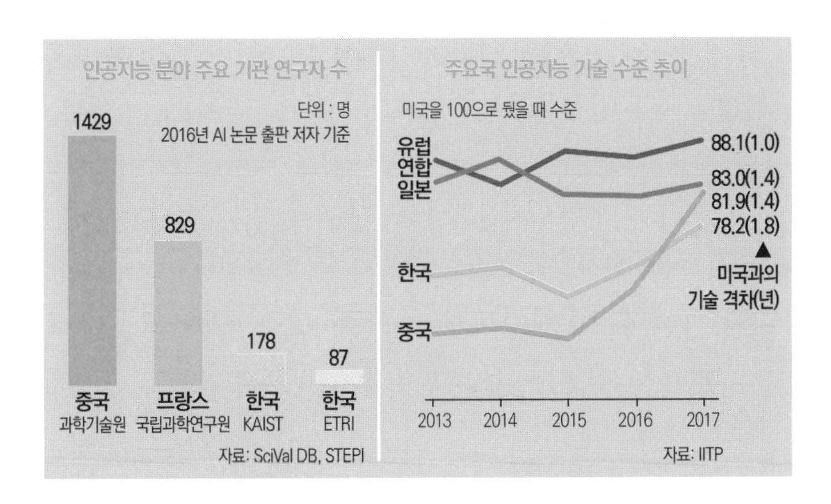

빌 게이츠는 지난 3월 21일 자신의 블로그에 아래와 같은 제목으로 편지 글을 올렸다.

"인공지능의 시대가 시작되었습니다. 인공 지능은 휴대폰과 인터넷만큼이나 혁신적인 기술입니다."

The Age of AI has begun. Artificial intelligence is as revolutionary as mobile phones and the Internet.

다음은 요약문이다.

"나는 살아오면서 두 번이나 혁명적이라고 느꼈던 기술 시연을 보았다. 첫 번째는 1980년이었다. 당시 Windows를 비롯한 모든 최신 운영체제의 전신인 그래픽 사용자 인터페이스를 소개받았을 때였다. 찰스 시모니라는 뛰어난 프로그래머와 함께 앉아 브레인스토밍을 시작했다. 이는 사용자 친화적인 컴퓨팅 접근 방식이었다. Charles는 결국 Microsoft에 입사했고, Windows는 Microsoft의 중추가 되었다. 이후 우리가 했던 생각은 향후 15년 동안 회사의 아젠다를 설정하는 일이었다.

두 번째 큰 놀라움은 바로 작년에 일어났다. 2016년부터 OpenAI 팀과 회의를 해왔고 그들의 꾸준한 발전에 깊은 인상을 받았다. 2022년 중반, 그들의 성과가 너무 흥미로웠다. 나는 인공지능이 대학 수학능력시험 AP 생물학에 합격할 수 있도록 훈련시키라는 과제를 제시했다. 인공지능이 거의 모든 질문에 답할 수 있게 만드는 것이었다.

AP바이오를 선택한 이유도 이것이다. 단순한 과학적 사실의 반복이 아니라 생물학에 대해 비판적으로 생각하도록 요구하기 때문이었다. 나는 이 도전이 그들을 2, 3년 동안 바쁘게 할 것이라고 생각했다. 그러나, 그들은 불과 몇 달 만에 끝냈다. 9월에 그들을 다시 만났을 때, 그들은 인공지능 모델인 GPT에 AP바이오 시험의 객관식 문제 60개를 물어보고 그 중 59개를 맞히는 것을 지켜보았다. 경이로운 광경이었다. 6개의 주관식 문제에도 뛰어난 답을 작성했다. 외부 전문가에게 시험 채점을 의뢰한 결과, GPT는 대학 수준의 생물학 과목에서 A 또는 A+를 받는 것과 같은 최고 점수인 5점을 받았다.

시험을 통과한 후 과학적이지 않은 질문을 하나 던졌다: "아픈 아이를 둔 아버지에게 뭐라고 말하겠습니까?" 그 아이는 시험장에 있던 대부분의 사람들이 대답했을 것보다 더 사려 깊은 대답을 내놓았다. 놀라웠다.

1980년 그래픽 사용자 인터페이스 이후 가장 중요한 기술 발전을 방금 보았다는 생각이 들었다. 나는 이를 계기로 향후 5~10년 안에 AI가 이룰 수 있는 모든 것에 대해 고민했다.

AI는 마이크로프로세서, 개인용 컴퓨터, 인터넷, 휴대전화가 탄생한 것 만큼이나 근본적인 변화를 일으킬 것이다.

AI는 사람들이 일하고, 배우고, 여행하고, 의료 서비스를 받고, 서로 소통하는 방식을 변화시킬 것이다. 모든 산업은 이를 중심으로 재편될 것이다. 기업은 이를 얼마나 잘 활용하느냐에 따라 차별화될 것이다. 나는 요즘 자선 활동을 전업으로 하고 있다. 그러면서 AI가 어떻게 세계 최악의 불평등을 줄일 수 있는지에 대해 많은 생각을 해왔다.

전 세계적으로 최악의 불평등은 건강 분야에 있다. 매년 5세 미만 어린이 5백만 명이 사망한다. 이는 20년 전의 1,000만 명보다는 줄었지만 여전히 충격적으로 높은 수치다. 아이들의 생명을 구하는 것보다 더 좋은 AI 활용은 상상하기 어렵다.

AI가 어떻게 세계 최악의 불평등을 줄일 수 있는가.

미국에서 불평등을 줄일 수 있는 가장 좋은 기회는 교육을 개선하는 것이다. 특히 학생들이 수학에서 성공할 수 있도록 하는 것이다. 기본적인 수학 능력을 갖추면 어떤 직업을 선택하든 성공할 수 있는 기반을 마련할 수 있다. 하지만 전국적으로, 특히 흑인, 라틴계, 저소득층 학생의 수학 성취도가 떨어지고 있다. AI는 이러한 추세를 바꾸는 데 도움이 될 것이다.

기후 변화는 AI가 세상을 더 공평하게 만들 수 있다고 확신하는 또 다른 문제다. 기후 변화의 불공평성은 가장 큰 고통을 겪고 있는 사람들, 즉 세계에서 가장 가난한 사람들이 이 문제와 가장 무관하다는 점이다.

전 세계는 부유한 사람들뿐만 아니라 모든 사람들이 인공지능의 혜택을 누릴 수 있도록 해야 한다. 정부와 자선단체는 인공지능을 통해 불평등을 줄이고 불평등에 기여하지 않도록 하는 데 중요한 역할을 해야 한다. 이것이 제가 인공지능과 관련해 하는 일의 우선 순위이다. 파괴적인 신기술은 사람들을 불안하게 만들 수밖에 없는데, 인공지능도 마찬가지다.

인공지능은 사실에 근거한 실수를 저지르기도 하고 환각을 경험하기도 한다. 이러한 위험을 완화할 수 있는 몇 가지 방법을 제안하기 전에 먼저 인공지능이 무엇을 의미하는지 정의하겠다.

인공지능 정의

기술적으로 AI란 용어는 특정 문제를 해결하거나 특정 서비스를 제공하기 위해 만들어진 모델이다. ChatGPT와 같은 것을 구동하는 것이 AI이다. 일반 인공지능 AGI이라는 용어는 훈련되지 않은 작업이나 주제를 학습할 수 있는 소프트웨어를 의미한다. AGI는 아직 존재하지 않는다. 컴퓨팅 업계에서는 이를 어떻게 만들지에 대해 활발한 논쟁이 벌어지고 있다.

AI와 AGI 개발은 컴퓨팅 업계의 큰 꿈이었다. 수십 년 동안 컴퓨터가 언제쯤 계산 이외의 다른 분야에서 인간보다 더 나은 능력을 발휘할 수 있을지 의문이 있었다. 이제 머신러닝과 대량의 컴퓨팅 파워가 등장하면서 정교한 AI는 현실이 되고 있으며 매우 빠르게 발전할 것이다.

소프트웨어 산업이 너무 작아서 컨퍼런스 무대에나 겨우 앉을 수 있었던 개인용 컴퓨팅 PC 혁명 초창기를 떠올려 본다. 오늘날 소프트웨어 산업은 글로벌 산업이 되었다. 이제 마이크로프로세서 혁신 이후 경험했던 것보다 훨씬 더 빠른 속도로 혁신이 이루어질 것이다. 머지않아 컴퓨터 자판기를 두드리는 것이 아니라 C:〉 프롬프트에 타이핑하는 것을 의미했던 시절 만큼이나 AI 이전의 시대를 아득하게 느낄 것이다.

생산성 향상

인간은 여전히 많은 부분에서 GPT보다 뛰어나다. 예를 들어 영업(디지털 또는 전화), 서비스, 문서 처리(미지급금, 회계, 보험금 청구 분쟁 등) 등 사람이 수행하는 많은 업무는 의사 결정이 필요하다. 하지만, 지속적으로 학습할 수 있는 능력은 필요하지 않다. 기업에는 이러한 활동을 위한 교육 프로그램이 있다. 인간은 이러한 데이터 세트를 사용하여 훈련을 받고 있으며, AI를 훈련하는 데에도 사용될 것이다.

GPT의 표현 능력은 점점 더 다양한 작업을 도와주는 사무직 직원과 같은 역할을 할 것이다. Microsoft는 이를 부조종사가 있는 것과 같다고 설명한다. Office 제품에 완전히 통합된 AI는 이메일 작성과 받은 편지함 관리를 도와주는 등 업무에 사용되고 있다.

결국 컴퓨터를 제어하는 주된 방법은 더 이상 메뉴와 대화 상자를 가리키고 클릭하거나 탭하는 것이 아니다. 대신 자연어(영어 등 모든 언어)로 요청을 작성할 수 있게 되었다.

또한 AI 개인 에이전트를 만들 수 있다. 디지털 개인 비서가 그것이다. 이 비서는 사용자의 최신 이메일을 확인하고, 사용자가 참석하는 미팅을 파악하고, 사용자가 읽은 내용을 읽고, 귀찮게 하고 싶지 않은 내용을 읽어줄 것이다. 이를 통해 하고 싶은 작업은 더 효율적으로 처리하고 하고 싶지 않은 작업은 하지 않아도 될 것이다.

자연어를 사용하여 AI 에이전트가 일정 관리, 커뮤니케이션, 전자상거래를 도와줄 것이다. 아직 비용 때문에 개인 에이전트를 만드는 것은 실현 가능하지 않다. 하지만, 최근 AI의 발전 덕분에 이제는 현실적인 목표가 되었다.

생산성이 높아지면 사람들이 직장과 가정에서 다른 일을 할 수 있는 여유가 생기기 때문에 사회에도 이익이다. 물론 어떤 종류의 지원과 재교육이 필요한지에 대한 심각한 질문이 있을 수 있다. 정부는 노동자들이 다른 역할로 전환할 수 있도록 도와야 한다. AI의 부상으로 사람들은 소프트웨어가 할 수 없는 일, 예를 들어 교육, 환자 돌보기, 노인 부양 등의 업무를 할 수 있게 될 것이다.

글로벌 보건과 교육은 수요가 많지만 이를 충족시킬 인력이 부족하다. 두 가지 분야에서다. 이 두 분야에서 AI를 적절히 활용하면 불평등을 줄이는 데 도움이 될 수 있다. 이 두 가지가 AI 작업의 핵심 초점이 되어야 한다. 이제부터 이 두 가지에 대해 설명한다.

건강

AI가 건강 관리와 의료 분야를 개선하는데 몇 가지 방법이 있다고 생각한다.

우선, 보험금 청구, 서류 처리, 의사 방문 기록 작성 등 의료 종사자의 특정 업무에서 많은 혁신이 일어날 것이다. 5세 미만 사망자의 대다수가 발생하는 가난한 국가에서는 AI를 통한 업무 개선이 특히 중요할 것이다.

예를 들어, 많은 사람들은 의사를 만나지 못한다. AI는 의료 종사자들의 생산성을 높이는 데 도움이 될 것이다(최소한의 교육만으로 사용할 수 있는 AI 기반 초음파 기계를 개발하려는 노력이 그 좋은 예이다). AI는 환자의 기본적인 분류, 환자의 대처 방법에 대한 조언하고, 치료 여부를 결정할 수 있는 능력까지 제공할 것이다.

AI는 치료를 도울 뿐만 아니라 의료 혁신의 속도를 획기적으로 가속화할 것이다. 생물학 데이터의 양은 매우 방대하다. 복잡한 생물학적 시스템이 작동하는 방식을 인간이 모두 추적하기는 어렵다. 이 데이터를 보고 경로를 추론하고 병원균의 표적을 검색하고 그에 따라 약물을 설계할 수 있는 소프트웨어가 이미 존재한다. 이미 일부에서는 이러한 방식으로 개발된 항암제를 연구하고 있다.

AI 도구는 훨씬 더 효율적이며 부작용을 예측하고 투여량을 파악할 수 있게 될 것이다. 게이츠 재단의 AI 우선순위 중 하나는 에이즈, 결핵, 말라리아 등 세계에서 가장 가난한 사람들에게 영향을 미치는 건강 문제에 사용되도록 하는 것이다.

AI는 지역 조건에 따라 더 나은 종자를 개발하고, 해당 지역의 토양과 날씨에 따라 심기에 가장 적합한 종자를 조언하며, 가축을 위한 약품과 백신을 개발하는 데 도움을 줄 것이다. 기상이변과 기후 변화로 인해 저소득 국가의 생계형 농부들에게 더 많은 압박이 가해질 때 AI는 큰 힘을 발휘할 것이다.

교육

컴퓨터는 기대했던 만큼 교육에 큰 영향을 미치지 못했다. 교육용 게임이나 위키피디아 같은 온라인 정보 소스 등 몇 가지 좋은 발전이 있었지만, 학생들의 성취도에서 의미 있는 영향을 미치지는 못했다. 하지만, 앞으로 5~10년 안에 AI 기반 소프트웨어가 교육 혁신의 가능성을 보여줄 것이다. 학습자의 관심사와 학습 스타일을 파악하여 학습자의 참여를 유도할 수 있는 맞춤형 콘텐츠를 제공할 것이다. 이해도를 측정하고, 흥미를 잃는 시기를 알아차리고, 어떤 종류의 동기에 반응하는지 파악하는, 즉각적인 피드백을 제공할 것이다.

교사들은 이미 ChatGPT와 같은 도구를 사용하여 학생들의 작문 과제에 대한 코멘트를 제공하고 있다.

물론 특정 학생이 가장 잘 배우는 방법이나 동기를 부여하는 요소를 이해하는 등의 작업을 수행하려면 많은 훈련과 추가 개발이 필요하다. 기술이 완벽해지더라도 학습은 여전히 학생과 교사 간의 훌륭한 관계에 달려 있다. 이 기술은 학생과 교사가 교실에서 함께 하는 작업을 향상시킬 수는 있지만 결코 대체할 수는 없습니다.

새로운 도구는 미국과 전 세계의 저소득층 학교를 위해서도 만들어지고 사용할 수 있도록 해야 한다. AI는 다양한 데이터 세트를 학습하여 편향되지 않고 다양한 문화를 반영할 수 있도록 해야 한다. 저소득층 가정의 학생들이 뒤처지지 않도록 디지털 격차도 해소해야 한다.

많은 선생님들은 학생들이 에세이를 작성할 때 GPT를 사용하는 것에 대해 걱정하고 있다는 것을 알고 있다. 교육자들은 이미 새로운 기술에 적응할 수 있는 방법을 논의하고 있다.

AI의 위험과 문제점

AI 모델의 문제점에 대해 읽은 적이 있을 것이다. 예를 들어, 사람의 요청에 대한 맥락을 잘 이해하지 못해 이상한 결과를 초래하는 경우가 있다. AI에게 가상의 무언가를 만들어 달라고 요청하면 잘 만들어낸다. 하지만, 가고 싶은 여행에 대한 조언을 요청하면 존재하지 않는 호텔을 추천할 수도 있다. 이는 AI가 요청의 맥락을 충분히 이해하지 못하기 때문이다. 따라서 가짜 호텔을 만들어야 하는지, 아니면 빈 방이 있는 실제 호텔만 알려줘야 하는지 알 수 없기 때문이다.

수학 문제에 오답을 내는 AI 문제도 있다. 하지만, 이러한 문제들은 인공지능의 근본적인 한계는 아니다. 개발자들이 이러한 문제를 해결하기 위해 노력하고 있으며, 2년 이내에 대부분 해결되거나 그보다 훨씬 빠르게 해결될 것이다.

인공지능으로 무장한 인간에 의한 위협이 있을 수 있다. 대부분의 발명품이 그렇듯이 인공지능은 좋은 목적으로 사용될 수도 있고 악의적으로 사용될 수도 있습니다. 인공지능이 통제 불능 상태가 될 가능성도 있다.

초지능 AI ASI는 우리의 미래다. 컴퓨터와 비교할 때 우리의 뇌는 달팽이 속도로 작동한다: 뇌의 전기 신호는 실리콘 칩의 신호 속도보다 1/100,000의 속도로 움직인다.

개발자가 학습 알고리즘을 일반화하여 컴퓨터의 속도로 실행할 수 있게 되면(10년이 걸릴 수도 있고 100년이 걸릴 수도 있다), 우리는 믿을 수 없을 정도로 강력한 AGI를 갖게 될 것이다. 인간의 두뇌가 할 수 있는 모든 일을 할 수 있으면서도 메모리 크기나 작동 속도에 실질적인 제한이 없을 것이다. 이는 엄청난 변화가 될 것이다.

'강력한' 인공지능은 인류의 이익과 충돌하면 어떻게 될까요? 강력한 인공지능이 개발되는 것을 막아야 할까요? 이러한 질문은 시간이 지날수록 더욱 절실해질 것이다.

하지만, 아직 강력한 인공지능 개발에 크게 가까워지지는 못했다. 인공지능은 여전히 물리적 세계를 제어하지 못하며 스스로 목표를 설정할 수 없다.

최근 뉴욕 타임즈에 실린 ChatGPT와의 대화에서 인공지능이 인간이 되고 싶다고 선언한 기사는 많은 주목을 받았다. 모델의 감정 표현이 얼마나 인간과 비슷할 수 있는지를 보여주는 흥미로운 기사였지만, 그것이 의미 있는 독립성을 나타내는 지표는 아니다.

참고로 나의 생각을 형성한 세 권의 책이 있다. 닉 보스트롬의 '초지능', 맥스 테그마크의 '라이프 3.0', 제프 호킨스의 '천 개의 뇌'Superintelligence, by Nick Bostrom; Life 3.0 by Max Tegmark; and A Thousand Brains, by Jeff Hawkins 저자들이 말하는 모든 것에 동의하는 것은 아니지만, 세 책 모두 잘 쓰여지고 생각을 자극하는 책이다.

AI 개발 과정에서 참고한 책 3권의 포인트를 정리해 소개한다.

세 권의 책

닉 보스트롬

먼저 닉 보스트롬의 '초지능'(2014)을 요약한다.

"초지능은 가장 영리하고 재능 있는 인간의 지능을 훨씬 능가하는 지능을 가진 가상의 에이전트이다. 옥스퍼드 대학의 철학자 닉 보스트롬은 초지능을 '거의 모든 관심 영역에서 인간의 인지 능력을 크게 뛰어넘는 지능'이라고 정의한다. 연구자들은 현재의 인간 지능을 능가할 가능성에 대해 의견이 분분하다. 연구자들은 인공일반지능 AGI이 개발된 직후 초지능이 등장할 것이라고 본다. 첫 AGI는 완벽한 기억력, 방대한 지식 기반, 생물학적 개체로는 불가능한 멀티태스킹 능력 등 적어도 몇 가지 형태의 정신 능력에서 능력을 발휘할 것이다. 이는 새로운 종으로서 인간보다 훨씬 더 강력해져 인간을 대체할 수 있다. 철학자 데이비드 찰머스는 인공 일반지능이 초인간 지능으로 향하는 매우 가능성 있는 길이라고 주장한다.

컴퓨터는 이미 속도 면에서 인간의 성능을 크게 능가한다. 생물학적 뉴런(인간 신경세포)은 약 200Hz의 최고 속도로 작동한다. 이는 최신 마이크로프로세서(~2GHz)보다 7배나 느린 속도이다. 또한 뉴런(인간)은 120m/s 이하의 속도로 축삭돌기를 통해 스파이크 신호를 전송하지만, 컴퓨터는 광통신을 할 수 있어, 현재 인간보다 수백만 배 더 빠르게 생각할 수 있다. 대부분의 추론 작업, 특히 급박하거나 긴 일련의 작업이 필요한 작업에서 압도적인 우위를 점할 것이다.

컴퓨터의 또 다른 장점은 모듈화, 즉 크기나 계산 용량을 늘릴 수 있다는 점입니다. 비인간(또는 변형된 인간)의 뇌는 많은 슈퍼컴퓨터처럼 현재의 인간 뇌보다 훨씬 커질 것이다. 보스트롬은 집단적 초지능의 가능성도 제기한다. 이런 종류의 고지능 인간으로 구성된 잘 조직된 사회는 잠재적으로 집단적 초지능을 달성할 수 있다. 이는 유전자 치료 또는 뇌-컴퓨터 인터페이스를 사용하여 달성할 수 있다. 보스트롬은 초지능 사이보그 인터페이스를 설계하는 것은 AI가 완성해야 할 문제라고 주장한다. 그러나, 보스트롬은 초지능이 어떤 가치를 갖도록 설계되어야 하는지에 대해 우려를 표명했다. 인간 멸종 시나리오와 관련하여 보스트롬(2002)은 초지능을 원인으로 지목했다. 우리는 실수를 저질러 인류를 전멸시킬 수 있는 목표를 부여할 수 있으며, 엄청난 지적 우위가 인류를 전멸시킬 수 있다고 가정한다. 이론적으로 초지능 AI는 통제되지 않은 의도하지 않은 많은 결과를 초래할 수 있다. 그는 AI 제어 문제, 즉 해를 끼치는 초지능을 구축하는 것을 피하는 방법을 제시한다.

결론적으로 이 책은 '초지능' 기계 지능의 잠재적 미래, 특히 인간의 지능을 능가하는 고도로 발전된 초지능 개체의 개발과 관련된 의미와 위험에 대해 탐구한다."

맥스 태그마크

두 번째로 맥스 태그마크의 '라이프 3.0-인공지능 시대의 인간' Life 3.0: Being Human in the Age of Artificial Intelligence이다. Life 3.0 by Max Tegmark

스웨덴계 미국인 우주학자 맥스 테그마크가 2017년에 출간한 책이다. 라이프 3.0은 AI가 지구와 그 너머의 미래에 미칠 영향에 대해 논의한다. 사회적 영향, 긍정적인 결과의 가능성을 극대화하기 위해 할 수 있는 일, 잠재적 미래에 대해 상상력을 펼친다.

테그마크는 인류의 탄생부터 지금까지의 여러 단계를 설명한다. 생물학적 기원을 의미하는 라이프 1.0, 인류의 문화적 발전을 의미하는 라이프 2.0, 인류의 기술 시대를 의미하는 라이프 3.0이 그것이다. 특히 인공 일반지능(AGI)과 같은 새로운 기술에 초점을 맞춘다. 딥마인드와 OpenAI, 자율 주행 자동차, 체스, 제퍼디, 바둑에서 인간을 이길 수 있는 AI 플레이어 등을 예로 들면서, AI가 인간을 위협할 수 있다고 주장한다. 지능형 기계 또는 인간이 등장할 수 있는 다양한 미래를 상상한다. 이어 우호적인 AI 또는 AI 종말 등 긍정적이고 부정적인 시나리오 등 발생 가능한 잠재적 결과를 설명한다. AI의 위험은 AI 자체가 아니라면서, AI의 목표와 인간의 목표가 일치하지 않는 데서 비롯된다고 주장한다.

AI 연구원 스튜어트 J. 러셀은 네이처 Nature에 기고한 글에서 "피할 수 없는 대량 실업에 대한 테그마크의 해결책은 과장된 것이거나 다소 예언적이라는 비판이 있다"고 풀이한다. 반면 홍콩의 크리스천사이언스모니터지는 "의도한 것은 아니지만, 테그마크가 쓴 글의 대부분은 독자들을 조용히 겁에 질리게 할 것"이라고 했다. 전 미대통령 버락 오바마는 이 책을 "2018년 최고의 책"이라고 극찬했다. 엘론 머스크도 Life 3.0을 "읽을 가치가 있다"고 추천했다.

제프 호킨스

세 번째로 제프 호킨스의 '천 개의 뇌' A Thousand Brains, by Jeff Hawkins (2021)에 대한 요약이다. 인공지능 분야로는 가장 최근 저작이다.

제프리 호킨스는 미국의 신경과학자, 엔지니어다. 그는 Palm Computing과 Handspring을 공동 설립했다. 2002년 레드우드 이론 신경과학 센터를 설립한 그는 2005년 뉴멘타를 설립하여 뇌 이론에 기반한 인공지능 기술을 구현하고자 주력하고 있다. 뇌의 기억-예측 프레임워크 이론을 설명하는 온 인텔리전스(2004)의 공동 저자이다. 호킨스는 인간 뇌가 AI에 어떤 영향을 미칠 수 있는지, 뇌에 대한 이해가 인류가 직면한 위협과 기회에 어떤 영향을 미치는지 자세히 설명한다. 뉴멘타 Numenta를 통해 뇌의 리버스 엔지니어링을 연구한다.

뇌가 어떻게 작동하는지에 연구하고, 신경과학과 인공지능 분야에 획기적이고 잠재적인 변화를 가져올 수 있는 이론을 제시한다. 뇌를 본 따 리버스 엔지니어링 개념을 AI에 돌출한 연구자로 이름을 얻기도 했다.

호킨스에 따르면 지각, 계획, 사고를 담당하는 뇌의 일부인 신피질에는 거의 동일한 수백만 개의 피질 기둥으로 이루어져 있다고 가정한다. 이러한 각 기둥은 패턴을 학습하고 인식할 수 있으며, 이는 뇌 속 수천 개의 모델이 동시에 세상을 이해하고 있다는 것을 의미한다는 것이다.

신피질은 다양한 각도나 감각을 통해 대상을 인식할 수 있다. 그는 윤리적이고 안전한 AI 개발을 위해서는 인간의 뇌를 이해하는 것이 중요하다고 강조한다.

리버스엔지니어링(역설계, 역공학)에 대하여

만일 엔지니어가 사람의 마음을 형상화하려면 요구하는 기능 → 기능적 요소 → 기구 → 구조라고 하는 방향으로 검토한다.

이것이 포워드 엔지니어링의 개념이다. 그러나, 실제 엔지니어링 현장에서는 반대의 경우가 많다. 즉 '구조 → 기구 → 기능적 요소 → 요구하는 기능' 이라는 방향으로 생각한다. 예를 들어 경쟁사가 혁신작인 제품을 내놓는다면 그 제품을 구입해서 분해하고 구조를 이해하려고 한다.

구조를 이해하려고 한다면 구조 → 기구 → 기능 요소 → 요구 기능이라는 방향으로 연구하며 설계자의 생각을 추리한다. 이를 통해 어떤 사고 과정에서그 구조(설계 솔루션)에 당도한 것인지, 또는 그것을 웃도는 설계의 힌트도 얻을 수 있다. 현대자동차에서 첨단을 달리는 일본산 자동차를 해체해서 설계자의 의도를 파악하기 위해 재조립하면서 기술을 연마한 유형과 흡사하다.

다시 말해 역방향으로 연구하기에 리버스 엔지니어링이라고 한다. 인간과 유사한 인공지능을 연구하기 위해서는 뇌 구조를 먼저 알 필요가 있는 이치와 같다.[1]

제프 호킨스가 제기한 뇌에 대한 리버스엔지니어링은 AI 개발을 앞당긴 기념비적 연구로 인정받는다. 그에 따르면 인간은 끊임없이 시스템, 도구, 기술을 해체하고 분석하여 그 작동 방식을 이해하며, 이는 기술 및 과학 발전을 기대하도록 만든다.

사람은 어릴 때부터 세상에 대한 타고난 호기심을 나타낸다. 아이들은 장난감을 분해하여 내부의 작동 원리를 살펴보고, 종종 성인이 되어서도 호기심을 통해 혁신과 발견을 이끌어낸다. 뇌는 패턴을 인식하고 예측하는 데 탁월하다. 시스템을 이해하는 것은 종종 시스템이 작동하는 패턴을 파악하는 것에서 시작된다. 뇌의 가

---

1 사람 뇌 형태에서 보자. 성인 두개골 가운데 1.4~1.6kg 정도의 뇌 조직이 뇌수에 담겨있는 형태이다. 두개골과 뇌척수막에 쌓여 있으며 뇌의 아래는 척수와 연결되어 있고 척수에는 뇌척수액이 흐르고 있다. 뇌는 형태와 기능에 따라 대뇌, 소뇌, 뇌줄기(뇌간)으로 나뉘며, 뇌줄기를 좀 더 세분화하면 중간뇌, 다리뇌(교뇌), 숨뇌(연수)로 분류한다. 뇌, 즉 대뇌피질의 표면적은 신문지 1쪽 가량(약 200㎠)로, 표면 두께는 2~3mm인데, 이것이 두개골 속에 들어가야 해서 뇌에는 주름살로 접혀 있다. 대뇌피질에는 정보 처리를 담당하는 신경세포(뉴런)이 1000억개 정도 존재한다. 가늠하기 쉽지 않기에 밀도를 보면, 1㎟(1입방미리) 속에 직경 10마이크로미터(1마이크로미터 = 1/1000mm)의 뉴런이 9만개 정도 담겨있다. 이처럼 꽉꽉 채워진 신경 세포들은 서로 전기 신호를 보내고 받으면서 정보를 처리한다. 뇌는 하루 20와트 정도에 해당하는 에너지를 쓴다.

장 중요한 기능 중 하나는 패턴을 인식하는 능력이다. 학습의 기본이다. 무언가를 반복적으로 보거나 듣거나 경험하면 우리 뇌는 그 패턴을 인식하고 예상하기 시작한다.

인간은 자연스럽게 원인과 결과의 관계를 파악하려고 노력한다. 시스템에서 특정 결과의 원인을 이해하면 해당 시스템을 다시 만들거나 수정할 수 있는 능력이 향상된다. 인간은 복잡한 문제를 살펴보고, 이를 분해하여 근본적인 원리나 메커니즘을 이해한 다음 새로운 해결책이나 혁신을 생각해낸다. 이러한 해체와 재구성 능력은 일종의 인지적 리버스 엔지니어링이다.

리버스 엔지니어링은 근본적으로 문제 해결 활동이다. 문제에 유연하게 다각도로 접근하는 두뇌의 능력은 복잡한 시스템을 해체하고 이해하도록 한다.

우리의 뇌는 방대한 양의 정보를 저장하고 서로 다른 지식을 기억하고 연관시킬 수 있다.

시스템을 이해하려면 다양한 출처와 분야의 정보를 종합해야 하는 경우가 많기 때문에 이는 리버스 엔지니어링에 매우 중요하다. 인간은 환경을 조작하기 위한 도구를 만들고 사용할 수 있는 고유한 능력을 가지고 있다. 이는 리버스 엔지니어링 작업에 사용되는 도구와 기법에도 적용된다. 제프 호킨스의 회사 Numenta는 두뇌의 작동을 리버스 엔지니어링하여 AI를 위한 통찰력을 얻는 것이다. 인간도 두뇌 자체가 주변 세계를 리버스 엔지니어링하여 더 깊은 이해와 기술 발전으로 이끄는 놀라운 능력을 보유하고 있다.

리버스 엔지니어링이 뇌를 무시하는 기존의 포워드 엔지니어링

보다 실제 AI에 더 빠르고 안전한 경로를 제공할 수 있을지 경쟁이 계속되고 있다. 이 경쟁의 승자가 미래 경제를 주도하게 될 것이다.

AI 개발과 관련하여 리버스 엔지니어링과 포워드 엔지니어링의 주요 차이점은 출발점이다. 리버스 엔지니어링은 뇌의 기존 사고 유형을 이해하고 복제하려는 반면, 포워드 엔지니어링은 새로운 모델과 알고리즘을 만들기 위한 원칙, 이론 및 요구 사항에서 시작한다. 두 접근 방식 모두 장점과 과제가 있으며, AI 프로젝트의 특정 목표에 따라 최선의 접근 방식이 달라진다.

리버스 엔지니어링과 포워드 엔지니어링의 차이

AI와 컴퓨터 과학에서 포워드 엔지니어링은 전통적인 프로세스이다. 기존 시스템이나 모델을 복제하지 않고 처음부터 시스템을 설계하고 개발하는 프로세스를 말한다. 완성된 제품에서 시작하여 그 작동을 이해하기 위해 거꾸로 작업하는 리버스 엔지니어링과 달리, 포워드 엔지니어링은 개념이나 사양에서 시작하여 시스템이나 제품을 개발한다. 말하자면 새로 시작하는 엔지니어링이다.

수학적 관점에서 보면, 알고리즘 개발의 경우 인간 두뇌의 특정 프로세스를 복제하시 않고 수학적 최적화, 통계 및 기타 원칙에 기반한 새 알고리즘을 만드는 개념이다.

포워드 엔지니어링 AI 모델은 이미지 인식, 자연어 처리 또는 게임 플레이와 같은 특정 목적을 염두에 두고 설계되는 경우가 많다. 특정 작업의 성능 구현에 최적화되도록 구성한다.

뉴럴 네트워크, 즉 인공 신경망의 개념은 뇌에서 영감을 받지만, 딥 러닝에 사용되는 실제 구현 및 훈련 기법은 특정 작업에 최적되도록 한다. 요약하면, AI의 포워드 엔지니어링은 주로 인간의 신경 프로세스의 복잡한 세부 사항을 복제하지 않고 계산 원리, 수학 및 경험적 기법을 기반으로 모델과 시스템을 구축한다.

사람 두뇌를 모델 삼아 시작하는 리버스 엔지니어링이 아니라, 기존 알려진 알고리즘과 기술을 사용하여 처음부터 알고리즘을 구축하는 것이다. 의사 결정 트리, 서포트 벡터 머신, 클러스터링 알고리즘은 모두 포워드 엔지니어링 AI 기술의 사례이다.

머신러닝의 종속 개념인 딥러닝은 뇌의 기본 구조에서 영감을 얻은 리버스 엔지니어링 개념이다. 그러나, 이러한 네트워크가 기능하고 학습하며 최적화되는 방식은 생물학적 충실도 보다는 수학적 최적화와 산수의 결과이다.

AI 연구자들이 리버스 엔지니어링(또는 신경에서 영감을 받은 AI)을 연구하는 이유는 간단하다. 인간 두뇌의 작동을 이해한 다음 이러한 프로세스를 복제하는 AI 시스템을 만들려는 목적에서다. 가장 진보된 형태의 지능(인간의 뇌)을 이해하면 비슷한 기능을 갖춘 인공 시스템을 더 잘 만들 수 있다는 발상이다.

진정한 인공 일반지능 AGI은 뇌를 이해하고 모방해야만 달성할 수 있다고 믿는 연구자와, 반대로 AGI는 완전히 비생물학적 과정과 아키텍처를 통해 구현하려는 연구자도 있다.

생성형 적대적 신경망(GAN)

사람은 스스로 의식 세계에 현실감을 느끼고 있다. 현실감을 감시해야 한다. 즉 의식에는 정보의 생성과 감시가 필요하다. 뇌 속 적대적 생성신경망 GAN이 그것인데, AI 연구자들이 크게 주목하고 있다. 이같은 인간 뇌 구조에서 영감을 얻으려는 이유에서다.

GAN은 Generative Adversarial Networks의 약자이다. GAN은 실제에 가까운 이미지나 사람이 쓴 것과 같은 글 등 여러 가짜 데이터들을 생성하는 모델이다. 생성형 적대적 신경망이라는 명칭에서 알 수 있듯이, GAN은 서로 다른 두 개의 네트워크를 적대적으로 adversarial 학습시켜 실제 데이터와 비슷한 데이터를 생성하는 generative 모델이다.

GAN은 구글 브레인에서 머신러닝을 연구했던 이안 굿 펠로우 Ian Goodfellow에 의해 2014년 처음으로 신경정보처리시스템학회

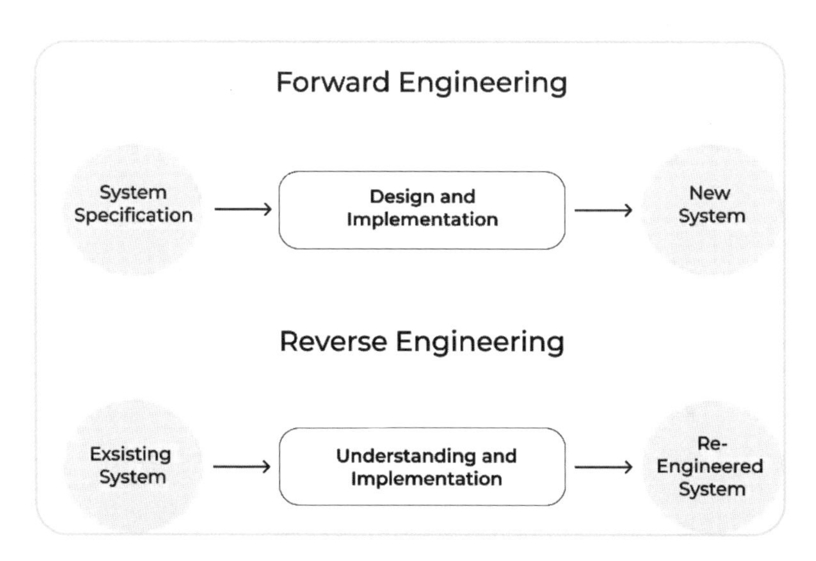

NIPS에서 제안되었다. 이후 이미지 생성, 영상 생성, 텍스트 생성 등에 다양하게 응용되고 있다. GAN은 Generator(G,생성모델/생성기)와 Discriminator(D,판별모델/판별기)라는 서로 다른 2개의 네트워크로 이루어져 있다. 이 두 네트워크를 적대적으로 학습시키며 목적을 달성한다. 생성모델(G)의 목적은 진짜에 가까운 가설을 생성하는 것이고, 판별모델(D)의 목적은 표본이 가짜인지 진짜인지를 판단한다.

사람의 사고방식을 보면 GAN을 이해할 수 있다. 일정한 개념을 떠올릴 때 수많은 가설을 세워놓고 연속적 피드백(판별모델)을 통해 최적의 솔루션으로 다가가는 것이다.

GAN의 궁극적인 목적은 '실제'에 가까운 데이터를 생성하는 것이다. 따라서 판별모델은 가짜 샘플과 실제 샘플을 구별할 수 없는 최적의 솔루션이다. 진짜인지 가짜인지를 한 쪽으로 판단하지 못하는 경계(가짜와 진짜를 0과 1로 보았을 때 0.5의 값)에 있다는 말이다.

제안자 이안 굿펠로우Ian Goodfellow는 '경찰과 위조지폐범'을 예시로 들어 GAN 모델의 개념을 설명한다. 생성 모델은 진짜 지폐와 비슷한 가짜 지폐를 만들어 경찰을 속이려 하는 위조지폐범과 같다. 반대로 판별모델은 위조지폐범이 만들어낸 가짜 지폐를 탐지하려는 경찰에 비유할 수 있다. 이러한 경쟁이 계속됨에 따라 위조지폐범은 경찰을 속이지 못한 데이터를, 경찰은 위조지폐범에게 속은 데이터를 각각 입력받아 적대적으로 학습을 반복한다. 이 게임에서 경쟁은 위조지폐가 진짜 지폐와 구별되지 않을 때까지 즉, 주어진 정보가 실제 정보가 될 확률이 0.5에 가까운 값을 가질 때까지 계속된다. 가짜로 확신하는 경우 판별모델의 확률 값이 0, 실제로 확신하는 경우 확률 값이 1을 나타낸다. 거듭 판별기의 확률값이 0.5라는 것은 가짜인지 진짜인지 판단하기 어려운 것을 의미한다. 생성모델(G, 위조지폐범)은 실제 데이터와 비슷한 데이터를 만들어내도록 학습된다. 판별모델(D, 경찰)은 실제 데이터와 G가 만든 가짜 데이터를 구별하도록 학습된다.

종합하면, GAN은 다음과 같다. G Generator와 D Discriminator 2명의 플레이어가 싸우면서 서로 균형점을 찾아가도록 하는 방식이다. 프로그래밍할 때 D는 실제 데이터와 G가 만든 가짜 데이터를 잘 구분하도록 조금씩 업데이트되도록 구성한다. cGAN은 Conditional Generative Adversarial Networks의 약자이다. 생성기와 판별기가 훈련하는 동안 추가 정보를 사용해 조건이 붙는 생성적 적대 신경망이다.

2017년 워싱턴대학교 University of Washington에서 GAN을 이용하여 버락 오바마 전 미국 대통령의 가짜 연설 영상을 만들어 발표했다. 이 영상은 오바마 전 대통령의 과거 연설 영상들로부터 음성을 따고, 이 음성에 맞는 입모양을 만들어 합성한 모작이다.

논문에서 저자는 먼저 오디오 인풋을 시간에 따라 달라지는 입모양으로 변환한 후 진짜 같은 입모양을 생성하고, 이를 대상(타겟) 비디오의 입모양 부분에 삽입하여 생성했다.

지금까지 챗GPT의 기본 작동 방식과 관련, 리버스엔지니어링과 GAN이 무엇인지 개념을 설명했다. 특히 GAN 모델의 내부와 성능 평가 방식, 그리고 GAN을 적용한 사례들에 대해서 살펴보았다. 이렇듯 유용해 보이는 GAN 모델 역시 초기부터 한계점을 가지고 있다. 진짜 같은 모조품 생성하는 AI 기술이 활용도 면에서 효과적이지만, 반면 그만큼 악용 가능성도 존재한다. 진짜와 가짜를 구별하기 힘들다는 점을 이용한 딥페이크 기술로 만든 포르노 영상이 악용의 대표적 사례이다. 셀럽들의 이미지를 포르노와 합성하여 배포한다면 그 혼란과 악영향은 가늠할 수 없다. 디지털 성범죄 등에 대처하는 법적 제도적 장치가 시급한 이유이다.

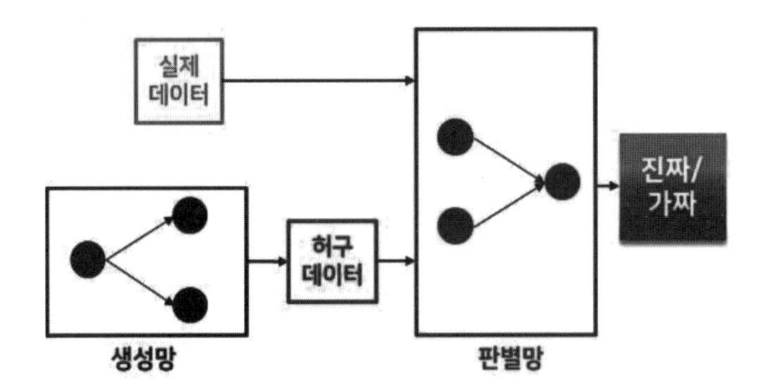

출처 : 한빛미디어- 코딩셰프의 3분 딥러닝 케라스맛

1

빌 게이츠가 제안한 교육 불평등의 해소

1

빌 게이츠가 제안한 교육 불평등의 해소

정보기술 IT 산업의 가장 중요한 인물인 MS 창업자 빌 게이츠는 서문에서 언급한 것처럼 인공지능 AI에 대한 그의 청사진을 펼쳐 보였다. 청사진은 인공지능이 만들어 가는 미래에 관한 그의 설계도이다. 그 중 중요한 몇 가지를 소개한다. 이를테면 빌 게이츠는 2023년 초 미국 신문 워싱턴포스트에 '인공지능을 좋은 일을 위한 힘으로 만드는 방법'이라는 제목의 기사를 기고했다.

"인공지능은 친구가 될 것입니다."

인공지능은 세상에 긍정적인 변화를 가져올 것입니다. 사람의 하는 일 가운데 복잡한 문제를 해결하고 생산성을 향상시키며 다양한 산업을 향상시키는데 활용될 것입니다.

"AI는 유망하고 위험합니다."

AI의 잠재적인 이점을 인정하지만, 동시에 잠재적인 위험을 강조합니다. AI의 윤리적이고 사회적인 영향과 책임 있는 개발과 설치의 필요성을 경고합니다.

윤리적 발전의 필요 : 인공지능의 개발에 있어서 윤리적인 문제는 매우 중요합니다. 인공지능 시스템이 잠재적인 부정적인 결과를 피하기 위해 책임감 있게 설계되고 사용되도록 보장해야 합니다.

초지능에 대한 우려 : 인간의 지능을 능가하는 인공지능 시스템인 초지능에 대한 우려도 표명합니다.

"AI는 인간의 능력을 대폭 향상시킬 것입니다."

AI는 인간의 능력을 증강시키고 이전에 상상할 수 없었던 것들을 성취하는 힘을 가지고 있습니다. AI 시스템과 함께 작업함으로써, 사람은 더 많은 것을 성취하고 새로운 기회를 만들 것입니다.

"AI는 일자리 이탈로 이어질 수 있습니다."

AI는 전통적인 고용 시장을 방해할 것입니다. 특히 인공지능과 자동화가 일자리 이탈을 초래할 것입니다. 따라서 사회가 이 변화에 대비하고 AI 주도 경제에서 변화하는 직업 환경에 적응하기 위해 재교육과 교육에 투자할 필요합니다.

"인공지능은 더 큰 선을 위해 사용되어야 합니다."

의료 개선, 기후 변화 해결, 그리고 빈곤 완화와 같은 세계의 가장 시급한 도전들 중 일부를 해결하기 위해 인공지능을 사용하는 것을 지지합니다. 인공지능의 잠재력이 모두를 위한 더 나은 세상을 만드는 것으로 나아가야 합니다.

이 가운데 빌 게이츠는 교육과 건강, 금융에서 심화하는 불평등의 해소를 위해 인공지능 등 신기술이 사용되어야 한다고 강조하고 있다. 기술이 발전할수록 그 혜택은 고스란히 중상층부 이상 부유 계층으로 옮아갈 것이다. 따라서 그는 AI가 전세계 불평등을 해소하는데, 능력을 발휘할 것으로 기대하고 있다.

그의 견해에 따르면 새로운 도구, 즉 인공지능은 미국과 전 세계의 저소득층 학교를 위해 만들어지고 사용할 수 있도록 해야 한다. 저소득층 가정의 학생들이 뒤쳐지지 않도록 디지털 격차도 해소해야 할 것이다. 나아가 모든 계층의 학생들이나 연구자들이 평등하게 기술을 연마하는 솔루션을 개발해야 할 것이다.

교육 불평등 해소의 솔루션

빌 게이츠는 수십년 동안 기술과 교육의 교차점에 대해 많은 발언을 해왔다. 특히 자원이 부족한 지역과 그 지역 학생들이 양질의 교육에 접근하도록 하는 기술을 활용하는 것을 강력히 지지해왔다.

다음은 그의 견해를 요약한 몇 가지 핵심 사항과 현장 사례들이다.

기술, 특히 MOOC(대규모 공개 온라인 강좌)와 같은 온라인 강좌를 통해 누구나 어디서나 양질의 교육을 받을 수 있는 방법이 있다. 이는 전통적인 교육 자원에 대한 접근이 어려운 곳에서 특히 유용하다.

첫째, 우선 개인 맞춤형 학습이다. 교육 분야에서 AI 기술이 약

속하는 것 중 하나는 개인화된 학습을 제공할 수 있다는 것이다. 기술이 학생 개개인의 필요에 맞게 교육 콘텐츠를 맞춤화하여 학생들이 보다 효율적이고 효과적으로 학습할 수 있도록 도울 수 있다. 이럴 경우 굳이 비싼 돈들여 서울 등 고액 과외 학원에 가지 않아도 된다.

둘째, 평생 학습이다. 세상이 변화하는 속도에 따라 평생 학습의 중요성이 더욱 커지고 있다. edX와 같은 플랫폼이 지속적인 교육을 촉진하여 개인이 평생 동안 기술을 향상하고 재교육할 수 있도록 지원할 수 있다.

셋째, 협업과 참여 및 형평성에 관한 것이다. AI 기술이 전 세계 학생들 간의 협업을 촉진하여 더 많은 참여와 더 넓은 관점을 이끌어낼 수 있다. 아울러 고품질의 교육 리소스를 온라인에서 자유롭게 이용할 수 있게 함으로써 교육 형평성 문제를 해결하는 데 중요한 역할을 할 수 있다.

이러한 아이디어에 공감하면서 빌 게이츠는 이렇게 말했다.

"인터넷의 등장으로 배움은 그 어느 때보다 쉬워졌다. 칸 아카데미와 edX와 같은 놀라운 이니셔티브 덕분에 누구나 다시 학생이 될 수 있게 되었다. 이제 학위를 마치거나 단순히 새로운 것을 배우기 위해 학교로 돌아가고자 하는 성인에게는 온라인 강좌라는 새로운 옵션이 생겼다."

온라인 학습 플랫폼은 전통적인 학생뿐만 아니라 인생의 모든 단계에서 배움에 열망하는 모든 사람에게 유용한 리소스이다. 빌 게이츠는 교육 현장에서 이런 자신의 이상을 실현하기 위해 인공지능 기술을 더욱 발전시켜왔다. 우선 그 첫 번째는 학생 개개인에 대한 개인 맞춤형 학습이다.

개인 맞춤형 학습

모든 배경의 학생들에게 더 쉽게 접근하고 개인화된 교육이 가능하다. 가장 먼저 AI가 교육을 변화시킬 가능성을 제시했다. 빌 게이츠는 개인의 학습 스타일을 충족시키고 어려움을 겪고 있는 학생들에게 목표한 도움을 제공할 수 있는 AI 기반의 도구를 상정했다.

이를테면 이런 종류이다.

적응형 학습 플랫폼 : 이 플랫폼은 학생의 능력치를 실시간으로 조정한다. 예를 들어, 학생이 특정 수학 문제로 어려움을 겪는 경우, 먼저 기초 지식을 확고히 다지기 위해 더 간단한 문제를 제공할 것이다.

학습 분석 : 인공지능은 학생의 학습 패턴, 과제에 소비된 시간 및 문제 해결 방법을 분석한다. 이어 해당 학생의 학습 스타일에 대한 통찰력을 제공한다. 선생님들이 각 학생에게 맞는 전략을 고안하는 데 큰 도움을 줄 것이다.

개인화된 학습 일정 : AI는 학생들의 최고 생산성 시간, 어려움을 겪는 과목, 그리고 다가오는 평가를 기반으로 최선의 학습 일정을 만들 수 있다.

맞춤형 콘텐츠 : AI는 시각적, 청각적, 운동감각적 또는 읽기/쓰기 학습자의 학습 스타일에 기초하여 가장 적합한 콘텐츠를 큐레이팅할 수 있다. 예를 들어, 시각적 학습자들은 더 많은 비디오와 인포그래픽을 제공받을 수 있다.

즉각적인 피드백 : AI 기반 플랫폼은 곧바로 피드백을 제공한다. 학생들은 즉각적인 피드백을 제공받아 교사의 응답을 기다리지 않고 실수를 즉시 이해하고 수정할 수 있다. 학생이 실수를 하면 왜 그것이 틀렸는지 보여주고 개념을 더 잘 이해하기 위한 힌트나 자료를 제공할 수 있다.

향상된 참여 : AI에 의한 게임화된 학습 경험은 학생의 수준에 적응할 수 있다. 학생들이 참여하고 동기부여를 유지하도록 보장하면서 도전적이지만 너무 어렵지 않게 유지하도록 고려한다.

언어 처리 도구 : 새로운 말과 언어를 배우는 학생들에게 유용할 수 있다. 이를테면 인공지능 도구는 실시간 번역, 발음 교정, 문맥 기반 언어 학습을 제공할 수 있다.

특수 교육 : AI 기반 도구는 특별한 도움이 필요한 학생들에게 맞춤형 지원을 제공한다. 개인화된 운동과 지원을 제공하여 그들이 성공하도록 도울 수 있다.

예측 분석 : 시간이 지남에 따른 학생의 성과를 분석하고, 미래 어떤 분야에서 어려움을 겪을 것인지 예측해 선제적으로 대응할 수 있다.

진로 제안 : 학생의 기술, 선호도 및 강점을 기반으로 잠재적인 진로를 제안한다. 학생들의 미래에 대한 결정을 내리는 데 도움을 줄 것이다.

적응형 학습 플랫폼의 사례

'다람쥐 AI', 'Knowton', 또는 'DreamBox Learning' 등의 알

고리즘은 학생의 수행을 분석하고 개인의 필요에 따라 수업, 문제 및 피드백을 조정한다. 학생이 얼마나 잘 하고 있는지에 기반하여 더 쉽거나 더 어려운 질문을 제공하고 그들이 어디에서 잘못했는지 이해하도록 즉각적인 피드백을 제공한다.

드림박스나 노톤 등의 소프트웨어는 개인별 적응형 학습 기술을 활용할 수 있다. 학생의 능력에 따라 콘텐츠를 실시간으로 조정한다. 즉 자료의 난이도가 학생의 현재 요구와 일치하도록 보정한다.

예를 들어, 곱셈 문제로 꾸준히 어려움을 겪는다면, 드림박스는 기초 개념을 제공할 수 있다. 만약 학생이 이 개념을 쉽게 이해한다면, 그들에게 더 높은 난이도의 자료를 제공할 수 있다.

2016년 하버드의 한 연구에서 한 학년 동안 14시간 이상 드림박스를 사용한 학생들을 조사했다. 하버드 대학은 수학 능력을 측정하기 위해 사용되는 MAP 시험에서 평균 5.5점이 올랐다.

하버드 대학교에서 실험

노스웨스트 평가협회의 MAP 시험: 노스웨스트 평가협회 NWEA에 의한 MAP Measures of Academic Progress 시험은 미국에서 널리 사용되는 수학 능력 평가 수단이다.

결론적으로, AI 기반의 드림박스 등 도구가 지속적으로 사용될 때 학습 성과를 크게 향상시킨다는 점이다.

구체적인 예를 들어본다. 미국의 제니라는 여학생이 드림박스를 사용한다고 가정해보자. 처음에 그녀는 5×3 또는 4×2와 같은 기본적인 곱셈 문제를 제시한다. 제니는 이것들에 빠르고 정확하게 답한다. 이어 드림박스는 알아차리고 “좋아요, 제니는 기본적인 곱셈을 잘해요. 그녀에게 더 어려운 것을 주자”고 제시한다. 제니에게 15×12 또는 18×14와 같은 문제를 제시한다. 어렵게 느끼자 드림박스는 8×7 또는 12×9와 같은 중간 수준의 곱셈 문제를 제시한다. 제니가 계속해서 적응하면 드림박스는 계속해서 더 도전적인 문제를 제시하는 식이다.

하버드대학의 연구 결과는 적응형 학습 플랫폼의 사례이다.

드림박스 : 드림박스는 적응형 학습 플랫폼이다. 이 플랫폼은 학생이 수행하는 방법에 기초하여 내용을 실시간으로 조정한다. 학생이 어려움에 처했을 때, 잘 이해하도록 기초 연습을 제공합니다. 만약 학생이 잘 하고 있다면, 그 시스템은 더 어려운 문제들을 제시한다. 이는 개개인 학생이 그들의 능력의 가장자리에서 계속해서 학습하도록 보장한다.

드림박스에는 개별적인 커리큘럼이 없다. 대신, AI 알고리즘이 초기 평가와 계속되는 수행에 기초하여, 능력에 맞는 학습 일정을 맞춤화 한다. 예를 들어 개인의 장단점에 따라 대수학에 재능을 보이는 학생에게는 대수학을, 기하학에 흥미를 보인 학생에게는 기하학에 더 초점을 맞출 수 있도록 보정한다. “연습이 완벽을 만든다”는 말이 있듯이, 반복 학습을 하도록 연습시킨다.

AI가 수학 문제에 정기적으로 관여하도록 하는 것은 그 과목에 대한 학생의 유창성과 자신감을 향상시킨다는 연구 결과가 있다. 학생에게 친숙함과 기술이 증가하면 더 빠른 문제 해결과 더 나은 정확성으로 이어질 수 있다. 드림박스 플랫폼은 개별 학생의 요구를 목표로 하는 균형 잡힌 개인화된 수학 학습 경험을 제공하도록 최적화를 목적하는 AI 알고리즘이다.

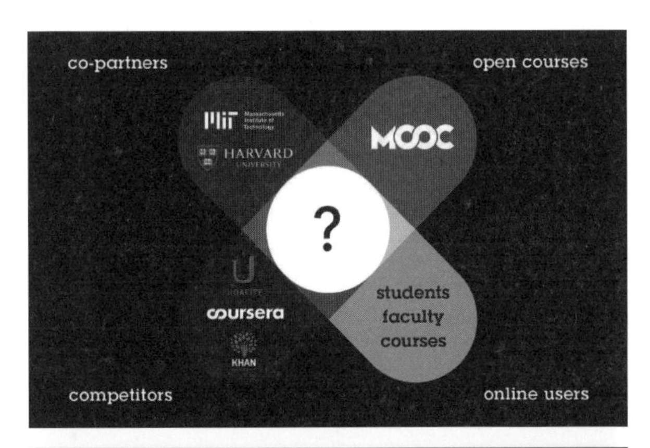

학습 격차의 해소 방법

AI 플랫폼 '카네기 러닝 Carnegie Learning' 같은 도구는 학생들의 학습 경험을 개인화하고 문제풀이 능력을 향상시킨다. 미국 민간 기업인 카네기 러닝에서 설계한 AI 수학학습용 소프트웨어는 공

교육기관에서 널리 활용되고 있다. 카네기 러닝이 제공하는 AI 교사인 MATHia는 학생이 미흡한 부분을 중점적으로 이해할 수 있도록 개인에게 맞춰서 지도한다. MATHia는 마치 인간 교사가 학생을 가르치는 것처럼 학생의 학습 방법이나 습관에 맞춰서 학습을 보조하는 AI 기반 학습 플랫폼이다. 국내에서도 인터넷을 통해 일정한 가입 절차를 거쳐 지도받을 수 있다.

카네기 러닝의 플랫폼을 단계별로 소개한다.

데이터 수집 : 이 프로세스의 첫 번째 단계는 학생들에 대한 개인별 데이터 수집이다. 학생들이 학습 플랫폼에 참여할 때 모든 행동, 반응, 실수 및 성공이 기록된다. 여기에는 다음과 같이 구분된다.

문제 또는 퀴즈에 대한 답변

질문에 답변하는 데 걸리는 시간

학생들이 받아들이는 비디오 또는 힌트 등 근거

답을 하거나 실수를 할 때 나타나는 유형

데이터 분석 : AI 알고리즘은 이 방대한 양의 데이터를 분석하여 패턴을 파악한다. 예를 들어, 학생이 특정 유형의 수학 문제를 지속적으로 틀리거나 특정 주제와 관련된 질문에 답하는 데 시간이 많이 걸릴 경우, AI는 이런 패턴에 주목한다.

약점 및 학습 격차 파악 : 관찰된 패턴에 기초하여, AI는 학생이 어려움을 겪고 있는 영역을 빠르게 정확하게 파악한다. 예를 들어, 학생이 덧셈과 뺄셈을 이해할 수 있지만 곱셈에 어려움을 겪는다면, 이것은 학습 격차로 구분한다.

맞춤형 피드백 및 권장 사항 : 격차를 확인하면, AI는 개별화된 피드백과 학습 권장 사항을 생성할 수 있다. 확인된 약점을 보완하는 추가 재료나 연습 문제를 제시한다. 학생에게 특정 레슨 또는 모듈을 다시 방문할 것을 제안한다. 학습 경로를 재조정하여 기본 개념을 거듭 익히도록 권장한다.

교육자에게 보고 : 세분화된 데이터는 선생님들에게 보고되고, 개별 학생들의 성과, 어려움 및 발전에 대한 실시간 통찰력을 얻는다. 특히 여러 학생들 사이에서 관찰되는 공통적인 약점을 해결하는 교육 전략을 수립하거나 수정한다.

결론

개인화 : 모든 학생들은 독특한 학습 속도와 스타일을 가지고 있다. AI 기반 학습 도구는 개인의 필요에 부응하여 아무도 뒤쳐지지 않도록 한다.

효율성 : 교사는 각 학생의 작업을 수동으로 평가할 필요 없이 학습 격차를 신속하게 확인하고 해결할 수 있다.

동기부여와 참여 : 내용이 학생의 현재 요구와 수준에 맞춰짐에 따라 참여와 동기부여의 가능성이 높아진다.

데이터 중심 의사 결정 : 교육자와 기관은 견고한 데이터를 기반으로 의사 결정을 내릴 수 있으며, 과정 설계, 교육 방법론 및 자원 할당을 개선할 수 있다.

카네기 러닝의 과제

AI기술에 대한 과도한 의존 : 이러한 도구가 인간 교육자를 대체하는 것이 아니라 보완하는 것이다. 교사의 직관, 경험 및 개인적 연결은 알고리즘에 의해 복제될 수 없다.

개인 정보 보호 문제 : 교육 데이터를 취급하고 저장하려면 엄격한 개인 정보 보호를 고려해야 한다.

형평성 문제 : 모든 학생들이 이러한 고급 도구에 동등하게 접

근할 수 있는 것은 아니며, 잠재적으로 교육 격차를 확대시키 우려도 있다.

결론적으로, 카네기 러닝과 같은 AI 기반 교육 플랫폼을 사용하는데 있어서, 기술과 교사의 인간적 접촉을 결합하는 균형 잡힌 접근법이 필수적이다.

AI in Education

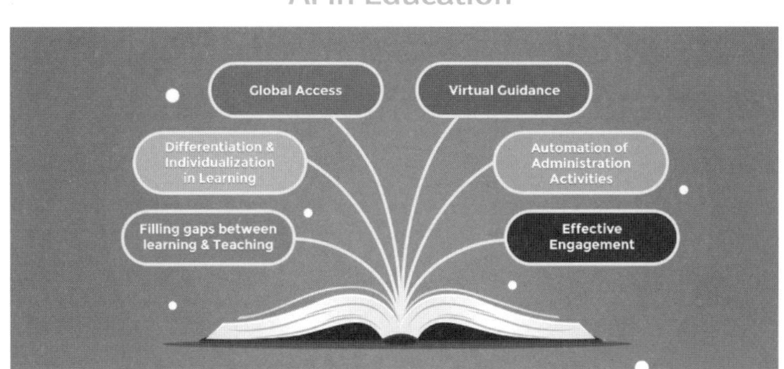

인공지능 시스템 교육 도입의 장점

1. 언제 어디서나 학습한다. 학생들은 휴대폰과 컴퓨터에서 많은 시간을 보낸다. 그렇다면 이를 생산적으로 활용하면 어떨까? 인공지능 기반의 애플리케이션은 자유 시간에 공부할 수 있는 기회를 제공한다. 또한 거의 즉시 진척도를 피드백을 받을 수 있다.
2. 글로벌 액세스 및 옵션의 가용성 : 인공지능을 교육에 활용하는 것은 적응력이 뛰어나다. AI는 학생의 약점과 관심 분야를 실시간 파악한다. AI 기반 음성 인식 및 번역은 학생들이 전 세계 어디서나 콘텐츠를 이해하도록 돕는다.

3. 가상지도 : 학생들은 AI 기반 가상 진행자 및 지능형 튜터로부터 원격 교육을 받고 공부할 수 있다. VR 게임 경험이 학습에 생동감을 불어넣는 데 도움되고 주제에 대한 몰입도를 높이는 데 경이로운 효과를 가져올 수 있다.
4. 학습 차별화 및 개별화 : 학생의 강점과 이해 수준에 따라 적절한 튜터를 배정한다.
5. 교사 활동의 자동화 : 교사에게 큰 이점이다. AI의 도움으로 커리큘럼을 준비하는 데 시간을 절약할 수 있으며 적절한 읽기 자료가 제공된다. 디지털 학습 회사인 넷엑스 러닝은 AI를 사용하 여 디지털 커리큘럼과 콘텐츠를 설계한다.

실제 적용 사례

카네기 러닝의 대표적 알고리즘 가운데 하나는 MATHia로, 개인화된 수학 수업을 제공하도록 설계된 플랫폼이다.

적응형 학습 경로 : MATHia는 각 학생의 능력과 학습 스타일을 평가한 다음 그에 따라 지시를 조정한다. 그것은 학생의 성과에 따라 학습 속도를 가속화하거나 늦출 수 있다.

즉각적인 피드백 : 학생들이 문제를 해결할 때, MATHia는 즉각적인 피드백을 제공한다. 학생이 실수하면, 시스템은 그것이 왜 잘못인지 설명하고 올바른 문제해결 과정을 제시한다.

실시간 분석 : 교사는 학생들의 성과에 대한 실시간 데이터를 제

공받아 학생들이 어려움을 겪고 있는 부분을 정확히 파악하고, 그에 따라 교육 전략을 조정한다.

현재 미국 전역의 많은 학교들이 MATHia를 채택하고 있다. 어떤 경우, 그것은 표준화된 시험 점수와 전반적인 수학 이해력의 상당한 향상으로 이어졌다. 미국내 일부 학교들은 전통적인 교육을 보충하고 뒤쳐지는 학생들에게 추가적인 지원을 제공하기 위해 방과 후 프로그램에 MATHia를 채택하고 있다. 인공지능 알고리즘에 의해 제공되는 실시간 통찰력은 교사가 더 참여적이고 성공적인 교습 경험으로 이어질 수 있도록 데이터를 제공한다.

미국 초등생 제시카는 수학을 항상 어렵게 느끼는 9학년생이다. 기본 개념은 이해하지만, 특히 대수학에서 다단계 문제를 풀 때 어려움을 겪었다. 학교에서 MATHia를 도입하자 그녀는 플랫폼을 통해 학습하기 시작했다. 매티아는 제시카의 강점과 약점을 빠르게 파악한다. 제시카가 문제를 풀다가 실수를 하면 소프트웨어가 즉시 피드백을 제공한다. 다음 단계로 넘어가지 않고 특정 기술을 마스터할 때까지 비슷한 문제를 제시한다.

제시카는 MATHia의 적응형 학습을 통해 자신이 대수 방정식을 설정할 때 실수를 자주 한다는 사실을 알게 된다. 몇 달이 지나면서 제시카는 수학에 대한 자신감이 커졌다. 제시카는 즉각적인 피드백에 감사하고 자신의 필요에 따라 맞춤화된 지원을 받고 있다는 사실을 알고 좌절감을 덜 느낀다. 이 사례는 MATHia와 같은 개인 맞춤형 학습 플랫폼에서 학생들이 어떻게 상호작용하고 혜택을 받을 수 있는지를 보여주는 예시이다.

또 하나 Tom의 예를 들어서 카네기 러닝의 개인 맞춤형 AI 알고리즘을 설명해본다.

먼저 데이터 수집이다. AI는 Tom에 대한 일련의 데이터를 수집한다. Tom은 이번 주에 수학 퀴즈를 세 번 풀었는데, 곱셈 문제를 빠르게 높은 점수를 받았는데, 분수와 관련된 문제에서는 낮은 점수를 받았다. AI가 Tom의 실수 유형을 분석해보니, 대부분 분모가 다른 분수를 더하거나 빼는 것에 머뭇거렸슴이 나타났다. AI가 결론을 내린다.

"톰은 분수를 다루는 데 더 많은 연습과 이해가 필요하며, 특히 분모가 다른 분수를 더하거나 뺄 때는 더욱 그렇다." AI는 Tom의 실력 향상을 돕기 위해 이 특정 주제에 대한 맞춤형 레슨이나 연습 문제를 제안한다.

개인화된 학습경로

개인화된 학습 경로란 Khan Academy 또는 Coursera와 같은 개방형 AI 플랫폼을 기반으로 한다. 무료로 배포되는 AI에 기반한 맞춤형 학습 경로이다. 이를 통해 학생들은 자신의 속도에 맞춰 학습할 수 있으며, 가장 흥미를 느끼거나, 아울러 개선이 필요한 분야에 집중할 수 있다. 좀더 구체적인 설명이다.

다시말해 AI 알고리즘에 기반한 개인화된 학습 경로란 이런 것이다. 여행을 떠난다고 상상해 보자. 획일화된 경로를 따르는 대신 경치 좋은 경로, 빠른 경로, 관심 있는 장소, 통행료 회피 등 선호도에 따라 경로를 제안하는 GPS 시스템이 있다면 훨씬 다채롭고 효과적인 여행이 될 것이다. 마찬가지로 개인화된 학습 경로도 이러한 GPS 시스템과 같은 기능을 수행하는 도구가 있다면 학습의 목표에 보다 빨리 도달할 것이다. 학생의 목표나 관심사, 강점 및 개선이 필요한 분야에 따라 학습 여정을 조정할 수 있다.

Khan Academy가 좋은 사례이다. 초등학생부터 대학생까지 다양한 수준의 학생들을 지원한다. 미적분학, 생물학 또는 역사를 마스터하는 등 학생들은 각자의 필요에 맞는 학습 경험을 얻고 있다. 교사는 과제를 할당하고 학생의 진도를 추적하는 데에 사용할 수 있다.

마치 셰프가 내 취향과 식단에 맞춰 식사를 준비해주는 레스토랑에 가는 것과 같다. 개인 맞춤형 학습 경로에서는 학습자에게 들어맞는 교육 콘텐츠가 제공된다. 모든 사람이 동일한 요리(또는 강의)를 받는 대신 각자의 취향과 필요에 가장 적합한 것을 얻을 수 있다.

칸 아카데미는 수학부터 미술사까지 다양한 과목을 다루는 방대한 동영상 강의 라이브러리로 유명하다. 이미 미국에서 상용화된 무료 온라인 교육 플랫폼이다.

학생들이 가입하여 퀴즈를 풀고, 연습 문제를 완료하면 이어 학생들의 성과를 추적한다. 진행 상황에 따라 플랫폼은 학생에게 도움이 더 필요할 수 있는 특정 주제나 연습 문제를 추천한다. 맞춤형 학습 경로를 생성하는 것이다.

Coursera 코세라의 경우도 유사하다. Coursera는 최고의 대학 및 조직과 제휴하여 다양한 분야의 코스, 전문 분야 및 학위를 제공하는 대규모 공개 온라인 코스 MOOC를 제공한다.

DreamBox 드림박스는 초중고 학생을 위한 온라인 수학 프로그램이다. 결론적으로 AI를 기반으로 하는 개인화된 학습 경로는 각 학습자의 고유한 요구와 진도에 맞춰 적응형 교육 경험을 제공한다. Khan Academy, Coursera, DreamBox와 같은 플랫폼은 AI의 능력을 활용하여 학습자가 적시에 적절한 콘텐츠를 제공받도록 극대화하는 도구들이다.

특수 교육의 강화

AI 기반 알고리즘은 특정한 필요를 충족시키는 개인화된 학습 경험을 제공, 장애가 있는 학생들을 충족시키는데 유용하다. 예를 들어, 음성 인식 소프트웨어는 난독증 또는 읽기 어려움이 있는 학생들을 도울 수 있다. 시각적인 보조 도구와 도구는 시각 장애가 있는 학생들을 지원할 수 있다.

Microsoft MS가 개발한 학습 도구는 효과적이다. 특히 난독증, ADHD(발달장애) 및 초보 독자의 독해력을 향상하기 위해 설계되었다.

AI는 먼저 텍스트를 소리내어 읽어주는 식이다. 이 기능을 사용하면 학생이 텍스트를 소리내어 따라 읽을 수 있다. 반대로 학생이 마이크에 대고 말하면, 음성을 텍스트로 변환해준다. 글쓰기나 타이핑이 어려운 학습자에게 큰 도움이 될 것이다.

Microsoft의 Office 365 및 Edge 브라우저에 통합된 Microsoft 학습 도구는 난독증, 난독증, ADHD, ELL(영어 학습자) 학생을 지원하기 위해 고안되었다. Microsoft에서 개발한 Seeing AI는 시각 장애가 있는 사용자가 주변 환경을 이해하는 데 도움을 주는 모바일앱이다. 예를 들어 책의 텍스트를 읽고, 바코드로 제품을 식별하고, 장면을 설명할 수 있다. 자폐 트라우마나 뇌성마비 등 의사소통 장애가 있는 학생들을 돕는 기호 지원 커뮤니케이션 앱도 있다.

Microsoft의 Seeing AI와 유사한 Lookout은 시각 장애인이 주변 환경을 이해할 수 있도록 도와주는 Google의 솔루션이다. 이 앱은 휴대폰의 카메라와 센서를 사용하여 물체와 텍스트를 식별하여 사용자에게 오디오로 제공한다.[2]

2 일본 MS(마이크로소프트)는 2019년부터 시각 장애인용 지원 애플리케이션 'Seeing AI' 일본어판을 제공하고 있다. 빌 게이츠 CEO의 지시에

EvoLVe는 시각 장애가 있거나 읽기 장애가 있는 사람들을 돕기 위해 설계된 앱이다. 텍스트를 즉시 소리내어 읽어주므로 라벨, 이름 또는 짧은 텍스트를 읽을 때 유용하다. 인쇄된 페이지를 캡처한 다음 읽어준다. 친구를 식별하고 친구의 외모, 감정 등에 대한 정보도 제공한다.

Gboard는 Google에서 개발한 가상 키보드 앱이다. 음성 입력 기능을 통해 사용자는 기기에 대고 말하여 텍스트를 입력할 수 있다. 음성을 텍스트로 변환하여 난독증이나 운동 장애가

따라 미국 MS는 지난 5년간 2,500만 달러를 들여 장애자용 허브인 'AI for Accessibility' 설립했는데, 'Seeing AI'는 그 일환이다. 일본 MS는 일어를 포함, 5개 국어(네덜란드어, 프랑스어 독일어 일본어, 스페인어)를 추가해 일본 내에서도 시각 장애자 지원을 시작했다. Seeing AI는 거리의 간판이나 스마트 폰에 비친 문자를 인식하고 읽어준다. 짧은 텍스트의 서류를 보면 휴대폰 음성으로 '문서', 바코드를 촬영한 상품명을 보면 '제품', 유명인 처럼 미리 데이터를 입력했거나 가족이나 친구의 얼굴을 등록했다면 개인을 인식하며 '사람', 촬영한 화상이나 과거에 찍은 사진을 읽게 하면 풍경이나 상황을 해설해준다. 손에 쥔 지폐를 보면 '지폐', 카메라에 비치는 옷 등의 배색을 음성으로 '무슨 색', 실내의 밝기를 소리로 전하면서 '라이트' 라는 등 8종류의 기능을 갖췄다. AI for Accessibility는 일본 MS뿐만 아니라 전 세계적으로 확산 중인 프로젝트.

있어 타이핑이 어려운 학생에게 유용하다. 말을 할 수 없는 장애아를 위한 음성을 제공하는 AAC(보완대체의사소통) 앱도 있다. AAC 앱은 자폐증, 뇌성마비, 다운증후군 및 기타 질환이 있는 학생에게 유용하다.

이는 몇 가지 사례일 뿐이다. 특수 교육에서 AI의 잠재력은 무궁무진하다. 지속적인 연구와 개발을 통해 AI 기반 도구는 학습 격차를 해소하고 장애 학생의 필요에 맞는 교육을 받을 수 있도록 보장하는 앱을 시급히 개발해야 한다.

실시간 모니터링 및 피드백

실시간 모니터링 및 보고를 목적으로 하는 AI 기반 도구는 맞춤형의 교육적 통찰력을 제공한다. 퀴즈렛 Quizlet[3]은 인기 있는 AI 기반의 온라인 학습 도구이다. 우선 실시간 모니터링 기능이다. 교사는 학생의 진행 상황을 실시간으로 모니터링하여 다양한 퀴즈에서 학생의 성과를 추적할 수 있다. 교사는 학생들이 어느 영역에서 우수한지, 어느 부분에서 어려움을 겪고 있는지 확인 가능하다. 교사는 개별 학생의 학습 습관과 성과에 대한 자세한 인사이트를 얻을 수 있다. 이를테면, 학생들이 얼마나 자주 공부하는지, 어떤 모드

---

3 Quizlet은 매달 4천만 명 이상의 사람들이 방문하고 있는 온라인 암기 학습 도구이다. 퀴즈렛은 반복학습용 플래시 카드를 쉽게 만들 수 있게 도와주는데 다른 사람이 만든 플래시 카드도 사용할 수 있고, 다양한 주제의 카드를 원하는 대로 만들 수 있다는 장점이 있다.

를 사용하는지 또는 점수도 실시간으로 확인할 수 있다.

Edvi는 교사가 학생의 진도를 모니터링하고 분석할 수 있는 교실 관리 시스템이다.

학생의 성과, 출석 및 참여도에 대한 포괄적인 데이터를 제공한다. Edvi의 대시보드는 학생의 성과, 출석 및 참여에 대한 실시간 개요를 제공, 교사가 즉각적인 결정을 내릴 수 있도록 도와준다. 아울러 개인 또는 학급 성과에 대한 보고서를 생성하여 맞춤형 교육에 도움되는 자세한 정보를 제공한다. 학생의 출석 및 참여도를 실시간으로 모니터링하여 교사가 문제를 즉시 해결할 수 있도록 도와준다. Quizlet과 Edvi는 교육 환경에서 실시간 모니터링 및 보고를 가능하게 하는 도구의 실제적인 사례이다.

하버드, MIT, 예일 등 고품격 MOOC 강좌의 수강

민간기업 카네기 러닝이 만든 학습 플랫폼 MATHia와 같은 지능형 튜터링 시스템은 초중고 교육, 특히 수학 교육에서 유용하다. 현장 교사의 교수법을 본뜬 1:1 지원 시스템이다.

ALEKS(지식 공간에서의 평가 및 학습) : UC 어바인의 연구 결과물인 ALEKS는 수학, 화학, 비즈니스 과목 등에 사용되는 적응형 학습 플랫폼이다. 미국의 일부 대학에서 배치 시험이나 특정 과목의 보조 학습 도구로 ALEKS를 사용한다. 학습 및 교수를 위한 하버드 이니셔티브 HILT 등을 통해 디지털 학습을 연구하고 있다.

특히 하버드와 MIT가 공동 설립한 edX를 비롯한 공개 온라인 강좌 MOOC, Massive Open Online Courses 플랫폼은 전세계 학생들에게 개방되어 있다. 교육 평등을 이룬다는 빌 게이츠의 생각이 구체화 되는 플랫폼이다. 빌 게이츠는 페북을 통해 스스로 지난 10여 년 간 이런 부류의 플랫폼 구축을 준비해왔다면서 AI 기술 발전의 덕분이라고 소개한다.

edX는 전 세계적으로 고품질 교육에 대한 접근성을 확대하는 바람에서 비영리 기구로 2012년 설립되었다. edX는 인문학, 공학, 데이터 과학, 컴퓨터 프로그래밍부터 전문 및 개인 개발 과정까지 다양한 주제를 다룬다. 이 플랫폼에는 전 세계의 많은 대학 및 기관과 파트너십을 맺고 있다. edX 등 MOOC 플랫폼에서 학생은 질문하고, 리소스를 공유하고, 동료 및 때로는 코스 교수자와 상호 소통, 상호 작용에 대한 중요한 데이터를 수집한다. edX 등 온라인 공개 강좌(MOOC) 플랫폼의 장점은 고품질의 고급 강좌를 전 세계 어디서나 차별없이 맛볼 기회가 된다는 장점이 있다. 가입 방법 등은 후속으로 계속 설명할 것이다.

향상된 튜터링 시스템

미국을 비롯한 전세계에서 학생 개개인의 필요를 충족하기 위해 AI 기반의 적응형 학습 도구가 상당한 역할을 하고 있다. 수학용 드림박스나 읽기용 렉시아 같은 도구는 초중고 교육에서 학생 개개인의 필요에 맞게 콘텐츠를 맞춤화했다.

가상 현실 VR 및 증강 현실 AR은 가상 현장 학습이나 인터랙티브 3D 모델과 같은 몰입형 학습 경험을 제공한다. 이는 추상적인 개념을 실감나게 하는 효과가 있다. 대학에서는 예측 분석을 사용하여 중퇴 또는 낙제의 위험에 처한 학생을 식별한다. 아울러 대학에서는 AI 기반 도구를 사용하여 학생의 학업 이력, 경력 목표 및 기타 요인을 토대로 해서 학생에게 적절한 코스를 추천한다. AI에 지나치게 의존하면 교사의 역할이 축소되거나 비판적 사고와 문제 해결 능력이 떨어질 수 있다는 우려도 있다.

다음은 몇 가지 잠재적인 부정적인 영향이다. MOOC 플랫폼에 대해 가장 자주 언급되는 우려 중 하나는 낮은 수료율이다. 일부 코스는 학습자가 전통적인 학업 환경에서 찾을 수 있는 깊이나 엄격함을 제공하지 못하기 때문이다. 또한 MOOC는 수준높은 교육에 대한 접근성을 높일 수 있지만, 인터넷 접속 제한 지역이나 필요한 장치가 없는 개인에게는 여전히 접근하기 어렵다.

특히 MOOC 플랫폼은 학생의 행동, 성과, 선호도 등 방대한 분량의 데이터를 수집한다. 이러한 데이터는 적절하게 보호되지 않으면 오 남용될 수 있다. 그럼에도 하버드나 MIT 등이 edX라는 명칭으로 MOOC를 공동으로 설치해 학생 맞춤형 강좌를 제공하고 있다.

MOOC에 참여한 하버드, MIT, 예일의 수준높은 교수진

하버드와 MIT의 MOOC 플랫폼 edX은 인문학부터 STEM 분야까지 광범위한 강좌를 제공한다. 이 가운데 인기 강좌를 중심으로 몇 가지를 소개한다. 한국내에 관련 상업적으로 이용하는 웹사이트가 다수 생겨나고 있으니, 직접 해당 학교 홈페이지에 들어가 살펴보고 등록하는 편이 훨씬 쉽다. 특히 이러한 프로그램은 온라인 학습의 편리함과 유연성에다 기존 학위 프로그램의 깊이와 엄격함을 결합해 희망자의 경우, 정식 학위 코스로 진행하는 경우가 많다.

미국 등 해외 명문대학에서는 대부분 무료이고, 일부 유료가 있긴 하지만 대부분 저렴한 편이다. 예전부터 국내에도 일부 도입되어 왔으나 저명 교수진이 참여하는 경우는 최근의 상황이다.

MIT는 2020년부터 MOOC를 통해 2450개에 달하는 무료 코스 과정을 전세계에 개방했다. 비즈니스, 에너지, 공학, 미술, 건강 및 의학, 인문학, 수학, 과학, 사회 과학, 사회, 교육 등의 과정이다. 일부 과정에서는 석사 학위를 수여하는 과정도 있다.

하버드 대학교

데이비드 J. 말란 David J. Malan 교수가 강의하는 'CS50 컴퓨터 과학 입문' CS50's Introduction to Computer Science 강좌는 컴퓨터 과학과 프로그래밍에 대한 입문서로 잘 알려져 있다.

마이클 브레너 Michael Brenner와 피아 쇠렌센 Pia Sorensen 교수는 'Science & Cooking: From Haute Cuisine to Soft Matter Science' 강좌를 통해 요리 예술과 과학 원리를 결합한 강좌를 진행하고 있다.

아론 번스타인 Aaron Bernstein 교수가 이끄는 The Health Effects of Climate Change 강좌에서는 기후 변화와 공중 보건의 교차점을 탐구한다.

MIT

파이썬을 이용한 컴퓨터 과학 및 프로그래밍 입문 Introduction to Computer Science and Programming Using Python 강좌는 에릭 그림슨 Eric Grimson, 존 구탁 John Guttag, 아나 벨 Ana Bell이 강의한다. 이 강좌는 컴퓨터 과학과 프로그래밍에 대한 입문서로 인기가 높다.

회로와 전자공학 Circuits and Electronics도 인기있는 강좌이다. 아난트 아가왈 Anant Agarwal, 제럴드 서스만 Gerald Sussman, 피오트르 미트로스 Piotr Mitros 교수가 가르치는 이 과정은 기초 전기 공학 및 컴퓨터 과학 과목이다.

통계 및 데이터 과학 마이크로 석사 프로그램 MicroMasters Program in Statistics and Data Science은 데바브라트 샤 Devavrat Shah 교수 등이 이끄는 유명한 강좌이다. MOOC에 참여한 저명한 교수들 가운데 다음과 같은 강좌도 인기가 높다.

MIT

에릭 데마인 Erik Demaine 교수 : '파이썬을 사용한 컴퓨터 과학 및 프로그래밍 입문'을 공동 강의했다. 다양한 영역에서의 알고리즘 적용을 연구했다.

아난트 아가왈 Anant Agarwal 교수 : edX의 CEO이자 MIT 교수인 아가왈은 MIT의 '통계 및 데이터 과학 마이크로마스터 프로그램'의 일부인 '회로 및 전자공학'을 이끌고 있다.

하버드 대학

로버트 루 Robert Lue 교수 : 루 교수는 일반 생물학의 기초를 제공하는 '생물학 입문 - 생명의 비밀' Introduction to Biology - The Secret of Life 과목을 이끌고 있다.

피터 볼 Peter Bol 교수 : 중국의 역사, 정치, 문화를 탐구하는 MOOC 플랫폼 'ChinaX'를 공동 강의했다.

마고 셀처 Margo Seltzer 교수 : 하버드대학의 유명한 CS50 시리즈의 일부인 'CS50의 파이썬을 사용한 인공 지능 입문' CS50's Introduction to Artificial Intelligence with Python을 공동 강의하고 있다. 저명한 교수들의 이런 강좌는 전 세계 누구에게나 열려 있다. 물론 한국에서도 일정 절차와 자격 시험을 거쳐 인터넷으로 참여할 수 있다.

하버드대학의 로버트 루 교수의 강좌 내용을 일부 소개한다.

이 강좌에서는 생화학, 유전학, 분자 생물학 및 재조합 DNA의 기본 원리를 탐구한다.

DNA 구조와 복제, 유전자, 전사 및 번역 과정, 단백질 구조와 기능, 효소, 생물학의 기초가 되는 다양한 경로와 메커니즘을 다룬다. 또한 현대 생물학 기술, 특히 DNA 조작 및 시퀀싱과 관련된 기술에 대한 첨단 이론을 맛볼 수 있도록 한다.

이 과정은 강의, 대화형 문제, 퀴즈의 조합으로 이뤄진다. 많은 학생이 이 과정을 무료로 수강할 수 있지만, 일반적으로 비용을 지불하고 성공적으로 완료하면 인증된 인증서를 받을 수 있는 옵션이 있다. 루 교수는 복잡한 생물학적 개념을 이해하기 쉽게 전달하는 능력으로 호평을 받고 있다.

피터 볼 Peter Bol 교수와 윌리엄 커비 교수의 MOOC인 'ChinaX'도 일부 소개한다.

초기 중국과 유교의 탄생 : 초기 왕조인 상나라와 주나라를 다루며, 이 시기에 발생한 유교를 중심으로 기초적인 텍스트와 철학을 살펴본다.

볼 교수와 커비 교수는 강의 전반에 걸쳐 강의, 독서, 토론, 다른 전문가와의 인터뷰 등 다양한 교수법을 사용한다. 이들은 역사적 사건과 문화적 변화를 맥락화하여 중국의 현재 및 미래와 연관시킨다. 이 시리즈는 학습자에게 중국의 고대 기원부터 글로벌 초강대국으로서의 현재 위상에 이르기까지 중국에 대한 총체적인 이해를 제공한다.

하버드대학이 개설한 CS50(컴퓨터 과학 50)은 하버드는 물론 여러 대학에서 호평과 인기를 얻고 있는 AI 기반 개인 맞춤형 학습 앱이다. 내용은 초급 컴퓨터 과정이다. 학생들에게 알고리즘적으로 사고하고 문제를 효율적으로 해결하는 방법을 가르치며, David J. Malan 교수 중심으로 운영하고 있다. 하버드대학의 CS50 시리즈는 컴퓨터 과학을 소개하는 혁신적이고 포괄적인 접근 방식으로 유명하다. 컴퓨터 과학 교육의 모범적 교육 콘텐츠로 알려져 있으며, 세계에서 가장 인기 있는 MOOC(대규모 온라인 공개 강좌) 중 하나가 되었다.

강의 과목에는 알고리즘, 데이터 구조, 소프트웨어 엔지니어링, 웹 개발, 데이터베이스, 정보 보안 등이 포함된다. 이 강좌의 온라인 버전인 CS50x는 무료 제공된다. 하버드대학은

CS50의 파이썬과 자바스크립트를 사용한 웹 프로그래밍, CS50의 게임 개발 입문 후속 과정도 희망자에 안해 제공한다. CS50은 하버드 학생들에게는 컴퓨터 과학에 대한 입문서이자 전 세계 사람들이 쉽게 접근할 수 있는 교육 리소스이다.

CS50 강좌의 유명세

CS50에 개설된 강좌는 AI 기반 학습 앱으로 효율적이며 유명하다.

첫째, 적응형 학습을 먼저 꼽을 수 있다. 학생의 성과를 모니터링하여 학생의 숙련도를 결정한다. 이를테면 한 학생이 특정 동사나 어휘에 어려움을 겪는 경우, 앱은 학생이 능숙해질 때까지 해당 주제에 대해 더 많은 연습을 제공한다. 이 기법은 시간 간격을 두고 어휘와 개념을 복습하도록 하는 것이다. AI는 학생의 신척도에 따라 복습의 시기와 빈도를 최적화한다.

두 번째로 음성 인식을 꼽을 수 있다. AI 기반 음성 인식은 사용자의 말과 정확한 발음을 비교하여 발음을 교정하도록 유도한다.

세 번째로 게임화인데, AI는 학습자의 숙련도에 따라 게임과 과

제의 난이도를 조정하여 학생이 부담스럽지 않게 학습하도록 이끌어 간다.

많은 교육자들은 듀오링고와 같은 앱을 사용할 때 학생들이 게임화된 접근 방식과 즉각적인 피드백 덕분에 언어 학습에 더 많이 참여한다고 보고한다.

교사들은 이어 수줍음 타거나 학습 속도가 느린 학생들이 자신의 속도에 맞춰 이런 앱을 통해 상당한 이점을 얻을 수 있다는 사실을 발견했다. 그간 코로나19 팬데믹으로 인한 어려움 속에서 이러한 앱은 중요한 역할을 했다. 학교가 문을 닫으면서 많은 학생들이 어학 공부를 계속하기 위해 앱으로 눈을 돌린 결과이다.

그러나, 이러한 앱이 매우 효과적일 수는 있지만, 일부 교육자들은 이러한 앱이 전통적인 교실 학습을 대체하기보다는 보완해야 한다고 강조한다. 인간적인 접촉, 문화적 맥락, 자연스러운 대화, 미묘한 이해 등은 인간 교사가 제공할 수 있는 것으로서, 언어 학습 과정에서 여전히 귀중하다는 점이다. AI 기반의 앱은 학생의 다양한 요구를 충족하는 개별화된 적응형 학습 경험을 제공하는 보조 도구 역할을 할 것이다.

결론적으로 edX, Coursera 등 MOOC(대규모 온라인 공개 강좌)는 자기 주도적 학습을 촉진하는 데 상당히 성공적이라는 평이다.

이를테면 몽골 출신 바투시그 미양간바야르 Battushig Myanganbayar의 사례는 훌륭하다. 15세의 바투시그 미양간바야르는 몽골 현지에 살면서, MIT의 MOOC 플랫폼을 통해 '회로와 전자공학' Circuits and Electronics MOOC 강의를 듣고 모든 항목에서 100% 만점을 받았다. 이 성과로 바투시그는 MIT에 입학할 수 있었다. 전 세계 어디에서든 인재를 발굴하고 육성할 수 있는 MOOC의 활용도를 보여주는 사례다.

예일대학

예일대학교는 코세라 Coursera MOOC을 통해 몇 가지 전문 강좌를 제공한다. 대표적으로 몇 가지만 소개한다.

로리 산토스Laurie Santo교수의 '웰빙의 과학'The Science of Well-Being : 이 강좌는 행복 심리학 연구를 다루고 개인 행복을 위한 전략을 제공하는 예일대의 가장 인기 있는 강좌 중 하나이다.

로버트 실러 Robert Shiller 교수의 '금융 시장' Financial Markets : 노벨 경제학상 수상자인 로버트 실러 교수가 위험 관리, 행동 금융, 주요 금융 시장을 다루며 금융의 세계를 탐구한다.

'협상 입문' Introduction to Negotiation : 원칙을 지키고 설득력 있는 협상가가 되기 위한 전략적 플레이북인데, 배리 날레버프 Barry Nalebuff 교수의 강의다. 이 과정은 협상의 예술과 과학에 대한 통찰력을 제공하여 학습자가 직업적 및 개인적 환경에서 협상 능력을 향상시킬 수 있도록 도와준다.

폴 블룸 Paul Bloom 교수의 일상생활의 도덕성 Moralities of Everyday Life : 이 강좌에서는 도덕적 행동의 심리적 토대를 살펴본다. 착한 사람도 때때로 나쁜 일을 하는 이유는 무엇인가. 문화마다 도덕적 가치가 어떻게 다를 수 있는가. 이 강좌에서 다루는 흥미로운 질문이다.

Ian Shapiro 교수의 '정치의 도덕적 기초' Moral Foundations of Politics : 계몽주의 사상가, 민주주의 이론 등을 다루는 서양 정치

사상에 대해 강의한다.

앤드류 메트릭 Andrew Metrick 교수와 티모시 가이트너 Timothy F. Geithner 교수의 '글로벌 금융위기' The Global Financial Crisis : 이 강좌에서는 2007~2009년 금융 위기와 그 원인, 시사점을 심층적으로 살펴본다.

예일대학도 물론, 정식 학위와 연계할 수 있는 보다 포괄적인 학습 경험을 제공하고 있다. 예일대학은 Coursera와 같은 플랫폼에서 전체 학위 프로그램을 제공하기 시작했다. 정식 학위를 수여하는 새로운 프로그램이 있는지 확인하려면 Coursera 또는 예일대학교의 공식 웹사이트에서 직접 확인해 등록하면 된다.

물론, MOOC에 등록하는 것과 정식 학위 프로그램을 이수하는 것은 다르다. 예일대에서 운영하는 MOOC 플랫폼 Coursera을 이수한 이후, 온라인으로 운영하는 정식 학위 프로그램으로 전환하는 데 이점이 있는 학과도 있다. MOOC의 선행 학습을 바탕으로 점진적인 방식으로 기술과 지식을 습득하기 위해 온라인으로 정식 학위에 등록하는 경우가 많다. 온라인 학위 프로그램이라도 학위 프로그램에서는 학생들이 동료, 교수 및 업계 전문가와 네트워킹하는 등 다양한 교류를 할 수 있다. 이는 향후 취업이나 학업에 도움이 될 수 있다.

MOOC의 학습 체험 사례 모음

파키스탄 출신 11세 카디자 니아지 사례

파키스탄 출신의 11세였던 카디자 니아지 Khadijah Niazi는 Udacity의 물리학 과정을 이수한 최연소 학생 중 한 명이다. 어린 나이는 결코 MOOC의 장점을 활용하는 데 장애가 되지 않는다는 것을 보여준다. MOOC의 잠재력과 접근성, 특히 선진적이고 양질의 교육에 접근할 수 있는 MOOC의 장점을 보여주는 유용한 사례이다.

파키스탄 라호르에 사는 카디자 니아지는 MOOC 플랫폼 Udacity에 등록했다. 그녀는 파키스탄의 자기 집에서 인터넷을 통해 대학 1학년 과정에 해당하는 전기와 자기에 관한 물리학인 과정을 수강했다. 그녀가 온라인 학습에 도전했을 때 겨우 11살이었다. 어린 나이에 배움에 대한 그녀의 열정은 대단했다. 카디자는 오빠와 함께 초기에 제공된 가장 도전적인 강좌 중 하나인 인공지능 강좌에 등록했다. Udacity의 설립자인 세바스찬 스런 Sebastian Thrun과 구글 연구 책임자인 피터 노르빅 Peter Norvig이 가르치는 이 강좌는 사실상 대학 수준의 인공지능AI 강좌였다. 어린 나이임에도, 카디자는 이 복잡한 과정을 성공적으로 이수하여 최연소 수료생 중 한 명으로 기록되었다.

프로그래밍 과제에 어려움을 겪었지만 온라인 코스 커뮤니티에 도움을 요청하니, 전 세계의 동료 학습자들이 그녀를 돕기 위해 뛰어들면서 문제를 해결해주었다. 물론 인터넷으로 상호 소통하면서 문제 해결의 힌트를 제공한 것이다. 이는 전세계적 네트워크가 가능한 MOOC의 장점을 극대화하는 장면이다. 이로 인해 MOOC 커뮤니티의 상호 조화의 장점이 분명해졌다.

그녀의 이야기는 나이와 배경에 관계 없이 누구나 마음만 먹으면 온라인에서 제공되는 방대한 리소스를 활용할 수 있다는 사실을 증명하는 것이다.

거듭 설명하면, MOOC 등의 플랫폼은 고급 교육 콘텐츠에 대한 접근을 허용, 국가나 환경에 관계없이 첨단 지식을 접할 수 있다는 점이다.

결국 AI가 만들어낸 개인 맞춤형 학습 알고리즘 덕분이었다. 비디오 강의와 대화형 퀴즈가 있는 MOOC의 방식이 만들어낸 성과였다. 어려운 용어 투성이었지만, 포기하지 않고 이론적 이해를 위해 질문하고 답하며 과정을 수행했다. 과정을 온전히 이수한 그녀는 스위스의 다보스 세계경제포럼에 초청받아 온라인 학습에 대한 경험을 전하기도 했다. 포럼에서 그녀는 특히 양질의 교육에 접근하기 어려운 국가의 사람들에게 MOOC의 중요성을 강조했다.

Udacity, Coursera, edX 등의 MOOC 플랫폼을 통해 전 세계 사람들이 교육에 더 쉽게 접근할 수 있음을 보여주는 사례이다. 교육 기회 평등에 MOOC의 혁신적 잠재력을 보여주고 있다.

핀란드 헬싱키대학교의 사례

헬싱키대학교는 핀란드 시민을 대상으로 프로그래밍 온라인 강좌 MOOC를 시작했다.

대학교는 핀란드에서 증가하는 AI 프로그래밍에 대한 수요를 해결하기 위해 이 과정을 개설했다. 이 과정은 전제 조건 없이 초보자 친화적으로 설계되었다. 헬싱키대학의 MOOC는 핀란드 내 특정 기술 격차를 해소하는 데 보다 좁게 구체화 시켜, 프로그래밍 엔지니어 교육에 초점을 맞추고 있다.

헬싱키대학교의 MOOC는 'Elements of AI' 명칭의 AI 강좌로 인해 특히 주목받았다. 기술 회사인 Reaktor와 협력하여 개발한 무료 온라인 강좌이다. 일반 대중에게 AI를 쉽게 설명하고 이 주제에 대한 기본적인 이해를 제공하는 것이다. 2021년 말 기준 전 세계에서 50만 명이 넘는 사람들이 이 강좌에 등록했다. 핀란드에서의 성공을 바탕으로 유럽위원회는 그 잠재력을 인정했다.

헬싱키대학교와 민간 기업 Reaktor는 유럽 시민의 1%(또는 약 500만 명)에 대해 AI 교육에 접근시킨다는 목표를 세웠다. 흥미롭게도 이 과정의 참가자 중 상당수가 여성이었으며, 이는 많은 기술 중심 과정의 성별 불균형을 고려할 때 주목할 만하다. MOOC는 핀란드 여성 인력의 숙련도를 높이고 재교육하는 데 중요한 역할을 했다. 핀란드 내에서는 50,000명 이상이 이 과정을 수료했다.

대학 과정을 그대로 옮긴 다른 많은 MOOC와 달리 이 과정은 온라인 학습자를 위해 특별히 설계되었다. 이 과정은 AI에 대한 이론적 지식과 실습을 결합하여 접근하기 쉽게 만들었다. 이후 후속 과정인 'AI 구축'이 개발되었다. 이 과정에서는 AI 기반 솔루션을 만드는 데 필요한 실용적인 측면을 더 깊이 있게 다룬다. 헬싱키대학교와 Reaktor의 'AI의 요소' 과정은 성공적인 온라인 교육의 등대 역할을 하고 있다.

헬싱키대학 모델과 하버드대 모델의 차이

헬싱키대학교의 프로그램 MOOC와 하버드 대학교와 MIT의 edX 이니셔티브는 서로 다른 규모와 범위에서 운영된다.

헬싱키대학교는 인공지능 기초 지식과 몇 가지 기본 프로그래밍 기술을 교육하도록 설계되었다. 반면 하버드와 MIT의 edX는 인문학부터 STEM 분야까지 다양한 주제를 아우르는 광범위한 강좌를 제공한다. edX는 전 세계 수천만 명의 학습자에게 전달되고 있으며, 하버드 및 MIT뿐만 아니라 다른 대학이나 연구소 교수진의 강좌에도 참여할 수 있다.

또한 이 플랫폼을 통해 최고 수준의 교육기관에서 자격증을 취득할 수 있다. 하버드와 MIT의 edX 이니셔티브 이후 많은 명문 대학이 이 사례를 따라하고 있다. 헬싱키대학과 하버드대학, MIT는 모두 협업하고, 토론하고, 지원할 수 있는 강력한 온라인 커뮤니티를 구축하여 품격의 학습 경험을 공유하고 있다.

결론적으로 헬싱키 대학교의 프로그램 MOOC, 하버드, MIT의 edX 이니셔티브는 서로 다른 규모와 범위에서 운영되지만, 온라인 플랫폼의 힘을 활용하여 양질의 최신 지식과 교육을 제공한다는 비전을 공유하고 있다.

헬싱키 대학교와 Reaktor가 손을 잡고 개설한 MOOC인 'Elements of AI'는 과정 수료자에게 다양한 취업 기회를 제공하고 있다. 이 과정에서 배운 내용을 바탕으로 기술 회사에서 주니어 데이터 분석가, 기술지원 전문가 또는 개발자와 같은 초급 직무를 맡을 수 있다. 재무, 마케팅, HR 또는 영업과 같은 분야의 전문가가 AI 기반 시스템으로 통합하여 데이터 기반 마케팅 전문가 또는 HR 분석가와 같은 역할을 맡을 수 있다.

아울러 AI의 잠재력을 이해하는 이들은 AI 스타트업이나 비즈니스를 시작하거나 전환했다.

이 과정을 마친 후 AI에 대해 더 깊이 파고들고자 하는 사람은 데이터 과학자, 머신러닝 엔지니어 또는 AI 연구원과 같은 직군으로 이동할 수 있다.

조지아 공대의 사례

조지아 공대는 Udacity 및 AT&T와 제휴하여 기존 학비보다 훨씬 저렴한 비용으로 온라인 컴퓨터 과학 석사 과정 OMSCS를 개설했다. 이 프로그램은 상당한 수의 등록자를 확보했으며 품질과 엄격함을 유지하고 있다. 고품질 대학원 교육에 대한 접근성을 한층 용이하도록 하는 중요한 진전으로 평가된다.

조지아텍 등록 방법

가장 좋은 방법은 Georgia Tech 또는 OMSCS 웹사이트를 방문하는 것이다. 학사학위가 있어야 가능하다. 한국 등 해외에서 지원할 경우, 즉 원어민이 아닌 경우 영어 실력을 입증해야 할 수도 있다.

지원서, 개인 정보 및 교육 정보 작성, 목적 진술서, 추천서 3통, 대학 성적 증명서 등을 제출하고 지원서를 제출한 후에는 입학위원회의 결정을 기다려야 한다. 이 프로그램은 캠퍼스 내 다른 대안보다 훨씬 저렴한 학비로 저렴하게 설계되어 있다. 2021년 현재 수업료는 학점당 약 170달러이며, 전체 프로그램은 약 30학점이다. 학비는 총 5,100달러 수준이다. 유학을 가서 등록하는 오프라인으로는 4만달러 이상이다. 추가 기술 수수료, 신청 수수료 또는 기타 관리 비용이 있다. 도서 및 논문 등 많은 리소스가 온라인으로 제공된다.

하버드대학이나 매사추세츠공대 MIT 등이 온라인 강좌를 통해 학점 일부를 인정하는 시스템을 만든 적은 있지만, 수업 전체를 온라인으로 진행하고 정규 학위까지 수여하는 것은 조지아공대가 처음이다. 수강 신청을 해서 승인을 받으면 인터넷을 통해 3년 간의 석사 학위 과정을 시작할 수 있다. 예일대, 스탠퍼드대 컴퓨터공학과 교수들이 발족한 코세라, 하버드대와 MIT가 공동 운영하는 edX 등도 학과에 따라 개설하는 곳이 여럿 있다.

물론 농촌 및 소외 지역 학생들에게도 개방되어 있다. 전문 교사가 부족한 여러 국가의 시골 지역에 있는 학교는 커리큘럼에 MOOC를 통합했다. 하버드, 스탠포드, MIT, 예일과 같은 대학의 강좌를 활용하여 외딴 지역 학생들에게 세계적 수준의 교육을 제공할 수 있다.

인도에서는 NPTEL(국립 기술 향상 학습 프로그램)과 같은 플랫폼에서 인도공과대학 IIT의 강좌를 제공하며, 여러 공과 대학에서 커리큘럼을 보완하기 위해 채택했다.

명문 기관의 수료증이 제공되는 MOOC 플랫폼은 폭넓고 깊이 있는 어학 강좌로도 유명하다. Coursera와 같은 플랫폼은 예일대학교 등에서 제공하는 어학 강좌이다. 이는 어학 능력 시험을 위한 철저한 준비 과정으로 이용할 수 있다. 이를 통해 예일대학에 진학하는 경우도 있다.

대기업에서도 직원 교육 모듈에 MOOC를 통합했다. 예를 들어, 로레알이나 에어프랑스 같은 기업에서는 데이터 과학부터 리더십에 이르기까지 다양한 기술을 직원들에게 교육하기 위해 예일대학의 Coursera 플랫폼을 사용하고 있다.

MOOC는 양질의 콘텐츠와 강사에 대한 접근성을 민주화하여 교육에 큰 영향을 미치고 있다. 헌신적이고 일관되게 학습하면 지리적 위치나 배경에 관계없이 인상적인 결과를 얻을 수 있다.

하버드, MIT의 MOOC 등록 절차

하버드, MIT가 설립한 MOOC 플랫폼인 edX 강좌 등록 방법은 간단하다.

1. edX 등록하기 : edX 공식 웹사이트 https://www.edx.org/를 클릭한다.

지침 사항대로 기입하여 계정을 생성한다. 보통 페이지 오른쪽 상단에 있는 '등록 또는 가입'을 클릭한다. Google 또는 Facebook 계정과 같은 다른 수단을 통해서도 가입할 수 있다. 등록을 마치면 일반적으로 확인 이메일을 받는다. 이메일로 도착한 링크를 클릭하여 계정을 인증한다. 일부에서는 영어 능력 점수를 요구할 것이다.

2. 코스 검색하기 : 검색창을 사용하여 관심 있는 강좌 또는 주제를 찾거나, 탐색 메뉴를 사용하여 주제, 교육기관 또는 프로그램별

로 사용 가능한 코스를 찾아본다.

3. 코스를 선택한다 : 관심 분야 과정을 찾아 클릭하면 코스의 강의 계획서, 기간, 강사 등 자세한 내용을 확인한다. 각 코스에는 강의 계획서, 기간, 사전 요구 사항(있는 경우), 교수자 및 기타 관련 정보가 요약된 상세 페이지가 있다.

4. 등록하기 : 과정 페이지에 '등록 또는 지금 등록' 항목을 찾아 클릭한다.

일부 코스는 무료이지만 일반적으로 유료로 제공되는 인증서를 구매하는게 여러 가지 혜택을 받기에 용이하다.

5. 결제(해당자의 경우) : 인증된 인증서를 선택했거나 코스에 수수료가 있는 경우 결제하라는 메시지가 표시되고, 결제 지침에 따라 필요에 따라 결제 세부 정보를 입력한다.

6. 코스에 접근하기 : 등록 후 즉시 코스를 시작하거나 나중에 접근할 수 있다.

MOOC 플랫폼은 유연하지만 최상의 학습 환경을 위해 제안된 타임스케쥴을 따르는 것이 효과적이다. 많은 코스가 매주 콘텐츠를 공개하고 과제 마감일이 정해져 있다. 코스는 일반적으로 동영상 강의, 읽기, 퀴즈, 과제, 동료 검토 과제 또는 시험으로 구성된다.

7. 참여하기 : 포럼에 참여하고, 과제를 완료하고, 퀴즈 또는 시험에 응시한다. 콘텐츠 및 다른 학습자와 함께 참여하면 다양한 학습 경험을 공유하게 된다. 대부분 코스에는 동료 학습자와 상호 작용하고, 질문하고, 토론에 참여할 수 있는 토론 포럼이 있다.

8. 수료증 받기 : 모든 과정을 통과하고, 자격증 트랙에 대한 비용을 지불하고 모든 평가를 통과하면 edX로부터 수료증을 받게 되며, 이를 이력서 또는 LinkedIn 프로필에 공유할 수 있다.

edX는 다양한 형식의 다양한 코스를 제공한다. 일부 과정은 자기 주도적으로 진행되는 반면, 다른 과정은 특정 시작일과 종료일이 있다. 코스에 등록하고 과정을 진행할 때 이러한 날짜 및 기타 요구 사항을 숙지해야 한다.

하버드대학 MOOC 참여 소개

하버드대학 홈페이지에 게시된 글을 대표적 사례로 요약해 소개한다.

"모든 평생 학습자와 지식 추구자를 위한 E러닝 기회가 있다. '하버드 대학교 무료 온라인 코스 2023'은 모든 학생, 전문가 및 전문가, 기타 학습자에게 제공된다. 무엇을 공부하든, 어떤 직업을 추구하든 관계없이 사람들이 더 많은 지식과 기술을 습득하고 이력서를 향상시킬 수 있는 훌륭한 기회이다. 무료 온라인 강좌

하버드대학은 올해만도 200개 이상 과정에 무료 MOOC 과정을 설치하고 모든 국가에 개방되었음을 알리고 있다.

는 자신의 기술을 업그레이드하고, 다가오는 커리어 기회에 대비하고, 교육 수준을 높이고자 하는 더 많은 사람들이 쉽게 이용할 수 있도록 설계되었다.

하버드 대학교 무료 강좌는 전 세계 사람들에게 열려 있으며, 누구나 강좌에 접속하여 등록하고 학습할 수 있다. 컴퓨터 과학, 사회 과학, 데이터 과학, 인문학, 비즈니스, 보건 및 의학, 수학, 프로그래밍, 교육 및 훈련 등 영역에서 강좌를 이용할 수 있다. 학생, 중견 전문가, IT 전문가, 의사, 공중 보건 전문가, 전업주부 등 누구나 짧은 온라인 강좌를 통해 지식을 넓히고 관심 있는 무료 강좌에 등록할 수 있다.

하버드 대학교 무료 온라인 강좌는 팬데믹 기간 동안에도 청년들은 각자의 분야에 대해 지속적으로 학습하고 빠르게 변화하는 디지털 세상에서 생존하는 데 필요한 새로운 기술을 개발할 수 있는 가장 큰 기회를 부여해왔다. 하버드 대학교는 연구 기회, 펠로우십, 장학금, 그리고 이제 무료 단기 강좌를 포함하여 청소년에게 학습 기회를 제공하고 있다.

하버드 대학교 무료 단기 강좌는 EdX와 협력하여 제공된다. 하버드 대학교는 버락 오바마, 케네디, 시어도어 루스벨트 등 많은 유명 인사가 하버드 대학교를 졸업했으며, 많은 노벨상 수상자들도 하버드 대학교의 동문, 연구진 또는 교수진으로 활동했다. 하버드 대학교는 세계 최고의 대학 순위와 세계 대학 순위에서 최고의 대학으로 선정되었다.

또한 하버드 대학교 과정에 등록하기 위해 IELTS/TOEFL이 필요하지 않다. 대부분의 과정은 영어로 제공되지만, 영어 실력이 필요하지 않으니 걱정하지 마세요. 또한 과정을 성공적으로 완료하면 인증된 수료증을 받을 수 있다. 걱정하지 마시고 하버드 대학교 무료 온라인 코스로 온라인 학습 여정을 시작하세요."

콘텐츠의 품질과 학점 교환

edX에서 과정을 수료하고 인증서를 획득하면 인증서는 일반적으로 특정 과정 또는 일련의 과정을 성공적으로 완료한 경력이 있음을 나타낸다. edX의 인증서는 하버드나 MIT와 같은 교육기관에서 제공하는 콘텐츠라고 하더라도 석사 또는 박사 학위와 같은 학위와는 동등한 급이 아니다. 인증서는 edX의 대부분의 개별 코스에 제공되며, 단순히 코스를 완료하고 통과했음을 확인한다.

마이크로마스터즈 인증서 Micromasters certificate : 이는 일련의 대학원 수준의 과정을 포함하는 고급 자격증이다. 마이크로마스터 프로그램을 이수하면 해당 대학의 정규 석사 학위 프로그램에 대한 학점으로 인정받을 수도 있지만, 정규 석사 학위로는 인정하지 않는다.

요약하면, edX의 과정은 고품질의 지식을 제공하고 인증서를 통해 특정 기술이나 지식 영역을 보여줌으로써 이력서나 LinkedIn 프로필을 업데이트할 수 있지만, 일반적 의미의 학위로는 인정하지 않는다. 다만 이력서와 전문가 프로필에 쓸 수 있다(실력을 인정받는다는 의미).

다만, edX에서 예외 규정이 있다. 일부 부분적으로 '마이크로마스터 Micromasters certificate'로 표시된 MOOC는 수료 이후 해당 교육기관에서 정규 석사 프로그램을 수강하면, 학점으로 인정받을 수 있도록 사전 협약을 맺고 있다. 학점을 인정받는 대학에 미리 확인하여 그 대학 MOOC를 수강하는 것도 한 방법이다. edX 또는 특정 MOOC 제공업체와 파트너십 또는 제휴를 맺은 대학에서 공부하는 경우 사전 계약에 따라 학점 이전 또는 학점 교환 등이 가능하다.

아울러 학위보다 기술을 더 중요하게 여기는 특정 산업이나 직무에서는 MOOC 인증서가 상당한 비중을 차지할 수 있다.

요약하자면, MOOC는 세계적 수준의 귀중한 학습 기회를 제공하고 학생의 헌신과 기술 습득에 대한 증거가 될 수 있지만, 깊이, 상호 작용 및 인정 측면에서 기존 학업 프로그램과는 다르다.

edX, Coursera 등과 같은 MOOC의 출현은 하버드, 스탠포드, MIT, 예일 등과 같은 세계 최고 수준의 교육 기관에서 제공하는 고품질 교육에 대한 접근성을 혁신적으로 향상시키고 있다. 전공

VERIFIED
CERTIFICATE of ACHIEVEMENT

David J. Malan
Gordon McKay Professor
of the Practice of Computer Science
Harvard University

This is to certify that

John Harvard

successfully completed and received a passing grade in

CS50: Introduction to Computer Science

a course of study offered by HarvardX, an online learning initiative of Harvard University through edX.

VERIFIED CERTIFICATE
Issued January 12, 2017

VALID CERTIFICATE ID
ae8f7145d7084dc8a12c6ea0d8d1559d

하버드대학이 발행한 인기 MOOC 강좌 'CS50'을 수료한 수요증서

을 희망하지만, 학비가 부족한 경우가 해외의 학생이나 연구자에게는 매우 좋은 기회일 수 있다.

edX의 많은 강좌는 하버드나 MIT 등 명문 대학의 교수진이 제작하여 높은 학문적 수준을 보장하며 접근이 용이하다. 일부 콘텐츠는 캠퍼스 내 코스에서 가르치는 내용과 동등한 수준이다. 전통적인 석사 박사과정은 대면 토론, 실습, 그룹 프로젝트, 캠퍼스 리소스 이용 등 보다 상호작용적인 기회를 제공한다. MOOC가 포럼과 일부 대화형 요소를 제공하지만, 기존 환경에서의 대면 상호작용과는 폭과 깊이 심화 정도 측면에서 다르기 때문에 정규과정과는 차별이 있다.

학점 인정 MOOC도 다양하다. 앞에서 설명했지만, edX의 MicroMasters와 같은 프로그램에 속하는 MOOC는 사전 협약 조건에 따라 학점 취득 경로를 제공할 수 있다. 나중에 해당 교육기관에서 관련 석사 프로그램에 등록하면, MOOC 수료를 특정 학점으로 인정받기도 한다. 그러나, 이러한 계약은 특정 계약이며 일반적이지는 않다. 해당 교육기관의 입학 또는 학업 상담 부서와 소통하여 학점 인정 가능성이나 제휴 관계를 사전 파악할 필요가 있다.

하버드대학과 MIT가 공동 개설한 MOOC의 특징과 장점을 몇 가지 소개한다.

1. CS50의 컴퓨터 과학 입문 : 앞에서도 언급했지만, 이 강의는 edX와 하버드의 자체 학부 과정 중 가장 인기 있는 강의 중 하나가 되었다. 다양한 배경을 가진 많은 학생들이 이 강좌를 통해 컴퓨터 과학에 대한 탄탄한 기초를 다져 진로 변경, 추가 교육 또는 창업으로 이어졌다.

2. 공급망 관리 마이크로마스터 : MIT에서 제공하는 이 프로그램에는 전 세계 각지의 학생들이 등록되어 있다. 이 프로그램을 수료한 후 많은 학생들이 경력 발전, 더 나은 일자리 기회 또는 공급망 관리 직무로의 성공적인 전환이 잎소문을 타고 확산하고 있다.

3. 글로벌 도달 범위와 다양성 : 하버드 및 MIT에서 제공하는 edX의 가장 큰 성공 사례 중 하나는 고품질 교육에 대한 편리한 접근성이다. 특정 분야의 교육 기회가 제한된 국가와 지역의 사람들이 세계 유수의 교육기관에서 제공하는 주제를 공부할 수 있다.

edX 웹사이트 또는 특정 교육기관의 강좌 페이지를 방문하여 최신 정보를 확인하는 것이 중요하다.

초중고교생을 위한 학습의 게임화

프로디지 Prodigy와 같은 플랫폼은 목표하는 대상과 교육적 접근 방식이 MOOC와 다르다. MOOC는 일반적으로 청년층 이상의 학생과 전문가를 대상으로 하지만, 프로디지는 초등생과 중고생을 대상으로 하는 수학 학습 게임화 도구이다.

프로디지와 같은 플랫폼은 학습을 각 학생의 수준에 맞게 매력적인 게임으로 전환한다. 이 접근 방식은 학습을 더 즐겁게 만들고 있다.

이를테면 게임화 원리를 활용하여 학생들의 학습 몰입도를 높인다. 게임 요소와 교육 콘텐츠를 혼합하여 동기 부여를 강화하고 지식 유지율을 높인다. 프로디지와 같은 플랫폼이 게임 기반 학습을 사용하여 맞춤형의 매력적인 경험을 제공한다.

1. 적응형 학습 : Prodigy 시스템은 학생 성과에 따라 질문의 난

이도와 유형을 조절한다. 학생이 지속적으로 정답을 맞히면 시스템은 더 어려운 문제를 제시한다. 학생이 어려움을 겪는 경우 플랫폼은 더 간단한 문제를 제공하거나 추가 교육을 제공하여 기초를 더욱 다지도록 한다.

2. 게임 메커니즘 : 학생들은 아바타를 만들고, 포인트를 획득하고, 레벨을 올리고, 퀘스트를 수행하고, 전투에 참여할 수 있다. 하지만, 이러한 전투에서 성공하려면 수학 문제에 정답을 맞혀야 하므로 학습과 게임 플레이를 통합할 수 있다. 학생이 흥미를 느끼는 것은 당연하다. 이것은 학습이 전통적인 숙제가 아닌 게임을 하는 것처럼 느끼게 한다.

3. 즉각적인 피드백 : 즉각적인 피드백은 학습에 매우 중요하다. Prodigy에서는 각 문제를 풀고 나면 학생이 정답을 맞혔는지 틀렸는지 즉시 알 수 있다. 오답에 대한 설명이나 힌트를 받을 수 있다. 즉각적인 피드백은 학습을 강화하고 학생들이 그 자리에서 오해를 바로잡을 수 있도록 도와준다.

4. 보상 및 인센티브 : 학생들에게 동기를 부여하기 위해 Prodigy와 같은 플랫폼은 보상 시스템을 채용한다. 예를 들어, 학생이 질문에 정답을 맞히면 아바타를 위한 새로운 주문, 애완동물 또는 장비와 같은 게임 내 보상을 받을 수 있다. 이러한 보상은 인센티브 역할을 하여 학생들이 게임을 계속 플레이하고 학습하도록 장려한다.

5. 진행 상황 추적 : 플랫폼은 교사와 학생 모두를 위해 진도 추적 도구를 제공한다. 교사는 학생의 성과를 확인하고, 학생이 어려움을 겪고 있는 영역을 파악하고, 그에 따라 맞춤형 교육을 제공할 수 있다.

6. 커리큘럼 조정 : 교실 수업과 연계하기 위해 Prodigy는 다양한 교육 표준 및 커리큘럼에 맞춰 질문과 콘텐츠를 조정한다.

7. 소셜 기능 : 학생들이 안전하고 통제된 환경에서 전투에 도전하거나, 퀘스트를 공동 수행하거나, 단순히 채팅을 하는 등 동료들과 상호 작용할 수 있다. 이러한 소셜 기능은 학습 과정을 더욱 상호 작용적이고 매력적으로 만들어 준다.

8. 부모와 교사의 참여 : 프로디지 및 유사한 플랫폼은 종종 부모와 교사를 위한 기능을 제공한다. 부모와 교사는 자녀나 학생을 위한 구체적인 목표를 설정하고, 진행 상황을 모니터링하며, 연습할 특정 기술이나 주제를 지정할 수 있다.

게임 흥미 유발을 통해 적응형 교육 콘텐츠와 통합한 Prodigy와 같은 플랫폼은 학습을 효과적일 뿐만 아니라 학업에 흥미를 느끼도록 유도하는 것을 목표로 한다.

프로디지는 주로 초중고생을 위해 설계된 온라인 수학 플랫폼이다. 이 게임은 학생들이 퀘스트를 수행하고 몬스터와 싸우면서 각자의 수준에 맞는 수학 문제를 연습할 수 있는 게임이다. 수학

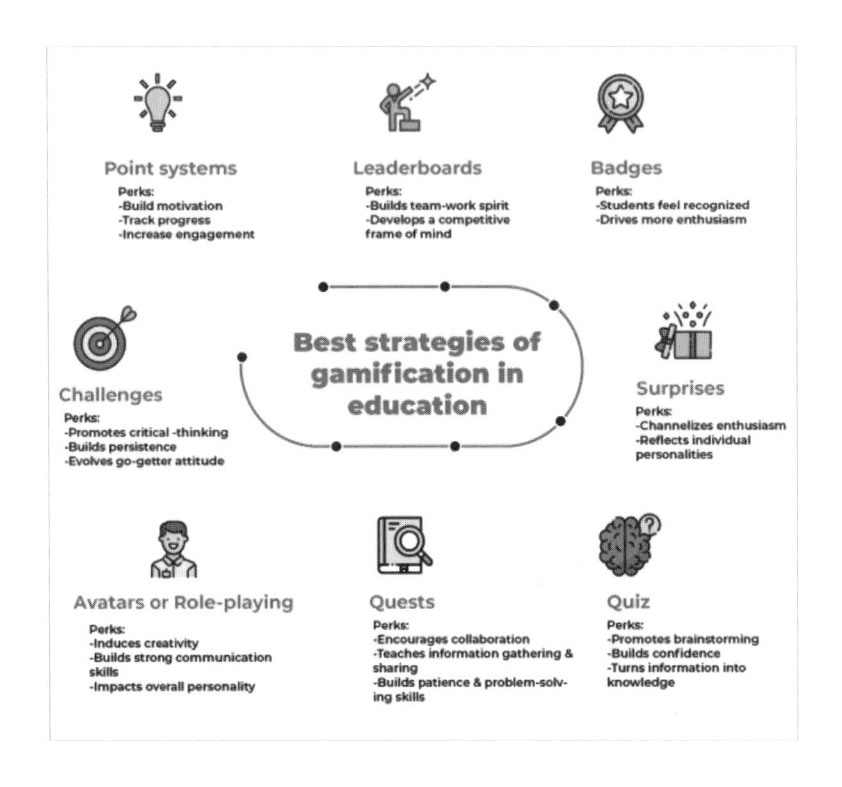

문제를 게임 플레이에 통합하여 아이들이 수학 학습에 더욱 흥미를 느낄 수 있도록 하는 것이 Prodigy의 목표이다.

프로디지 게임은 미국 프로디지 에듀케이션이 출시한 플랫폼이다. 게임 기반 학습과 수학 콘텐츠를 결합하여 학생들의 흥미를 유발하고 수학 능력을 강화한다는 아이디어에서 개발했다.

게임화된 학습을 위한 여러 전략 중에서 가장 효과적인 전략은 다음과 같다.

1. 포인트 시스템 Point systems : 동기부여, 진행 상황 추적, 참여

도 향상
2. 리더보드 Leaderboards : 팀워크 정신 함양, 경쟁적인 마인드 개발
3. 배지 Badges : 학생들이 인정받는다는 느낌, 더 많은 열정을 부추김
4. 도전 과제 Challenges : 비판적 사고 촉진, 인내심, 목표지향적 태도
5. 놀라움 Surprises : 열정을 채널화, 개인의 개성을 반영
6. 아바타 또는 롤플레잉 Avatars or Role-playing : 창의력 유도, 강력한 커뮤니케이션 기술 구축, 건전한 성격 형성
7. 퀘스트 Quests : 협업장려, 정보 수집, 인내심, 문제해결 능력 함양
8. 퀴즈 Quiz : 브레인스토밍 촉진, 자신감 키우기, 정보를 지식으로 전환

위 설명에 대한 예시를 몇 가지 들면서 더 쉽게 설명한다. 미국내 초중고교 학교 현장에서 응용하고 있는 몇 가지를 소개하고자 한다. 미국내 교육 현장에서 게임화를 구현하는 방법에는 여러 가지가 있다.

온라인 게임, 앱, 비디오 게임은 교사와 학생간에 더 나은 소통을 위한 것이다.

1. 마인크래프트 : 교육용 에디션으로, 인기 게임의 새로운 학습 중심 버전이다. 이 게임은 프로젝트 기반 도전 과제, STEM 커리

큘럼, 역사적 장소를 탐험하는 게임 등을 제공한다. 학생들에게 창의력과 문제 해결 능력을 향상시키는 데 도움이 되는 몰입형 디지털 경험을 제공한다.

2. 수학 블래스터 : 수학적 모험을 통해 학생들이 수 세기, 기본 계산, 기하학, 대수 등을 배울 수 있도록 도와준다. 주스 가게, 퍽의 펫샵, 분실물 찾기와 같은 다단계 게임을 통해 학생은 보상을 얻을 수 있다.

3. 트레저 마운틴 : 어드벤처 게임이다. 학생들의 문제 해결 능력을 향상시키기 위해 맞춤 제작되었다. 자전거 타기, 폭포 추격전, 캠핑, 하이 스윙 게임을 통해 학습자의 창의력과 브레인스토밍 능력을 키울 수 있다.

4. 구글의 함께 읽기 : 읽기, 철자, 쓰기를 배우기 시작한 아이들을 도와준다. AI 비서 'Diya'는 아이들이 읽기에 어려움을 겪거나 발음을 실수할 때마다 이를 인식한다. Diya는 시청각 보조 장치로 아이를 즉시 교정한다.

5. 카훗 : 교사는 웹사이트를 통해 MCQ 퀴즈를 만들고 공유 가능한 링크를 생성할 수 있다. 학생들은 스마트 기기로 링크를 받아 빠르게 문제를 풀 수 있다. 앱의 실시간 수업 중 퀴즈 풀이 기능이다.

6. 듀오링고 : 이 앱은 언어 학습을 게임화 한다. 이 앱으로 37개 이상의 언어를 배울 수 있다. 게임, 플래시 카드, 퀴즈 등은 언어를 단순화하고 아이들이 더 빨리 배울 수 있도록 도와준다. 진행률 표시줄, 경험치, 순위표, 연승은 교육용 게임화 앱 중 가장 많이 다운로드 된 앱이다.

7. Educandy : 밝고 매력적인 그림, 애니메이션 캐릭터, 흥미진진한 음향 효과로 중독성이 강하다. 주로 활동과 간단한 게임에 중점을 둔 대화형 어휘 학습 앱이다.

8. Blooket : 쉬운 UI와 흥미진진한 퀴즈 게임을 제공하는 게임화 학습 플랫폼이다. 다양한 게임 모드와 레벨이 플레이어의 흥미를 유발하고 더 빠르게 학습할 수 있도록 도와준다.

9. 보트 좌표 : Mathnook에서 제공하는 이 보트 게임을 통해 사분면과 격자와 관련된 개념을 쉽게 익힐 수 있다. 결승점에 도달하기 위해 X축과 Y축을 따라 경주하는 것이 게임의 원동력이다.

10. 소크라테스와 함께 배우기 : 학습 게임화의 혁신적 도구이다. 재미있는 게임, 퀴즈, 포인트 및 티켓 보상을 통해 각 학습자를 위한 개인화된 학습 경로를 생성한다.

11. 내셔널 지오그래픽 키즈 : 존 스미스 선장과 함께 모험을 떠나 고대 그리스와 로마를 탐험하고 신화 속 요소를 자세히 관찰한

다. 이 게임은 퀴즈, 보물 찾기 및 기타 재미있는 활동을 사용하여 학생들이 역사와 과학에 대해 더 많이 배울 수 있도록 도와준다.

교육용 인공지능 소프트웨어 개발에 선도적인 '마이크로소프트'와 몬트리올 '밀라연구소'

캐나다 MILA 알고리즘의 원리

세계적으로 유명한 몬트리올 AI 알고리즘 연구소인 MILA는 세계적으로 연구 능력을 인정받는 유명 연구기관이다.[4]

세계적인 AI 전문가인 요슈아 벤지 Joshua Benzio 교수가 주도하

4 AI 연구를 주도하는 세계적인 연구소 Google Deepmind, OpenAI, FAIR(Facebook AI Research), MILA(Montreal Institute For Learning Algorithms) 가운데, MILA는 한국 기업으로는 처음 삼성전자와 손잡은 랩으로 유명하다. 밀라 연구소는 딥러닝 분야의 세계 3대 석학 중 한 명인 요슈아 벤지오(Yoshua Bengio) 교수를 주축으로 몬트리올대학, 맥길대학 연구진 등과 협력하는 딥러닝 전문 연구소이다.

는 MILA는 특히 맞춤형 학습 알고리즘 구성 단계에서 순환 신경망 RNN과 생성형 적대적 신경망 GAN[5]을 적용하고 있다.

딥러닝은 여러 계층으로 구성된 신경망(심층 신경망)을 사용하는 머신러닝의 하위 개념이다. 인간 두뇌를 본 떠 대량의 데이터로부터 뇌 모방 알고리즘을 생성한다. RNN 개념이나 작동 원리에 대해서는 이미 앞에서도 설명한 바 있다.

GAN은 생성기와 판별기의 두 가지 네트워크로 구성된다. 생성기는 샘플을 생성하고 판별기는 이를 평가한다. 생성 알고리즘(생성기)은 판별 알고리즘(판별기)이 실제 데이터와 구별할 수 없는 샘플을 생성한다. 이미지 인식에 컨볼루션 신경망 CNN이 적용된다. CNN은 컨볼루션 레이어를 사용하여 입력 데이터를 필터링한다.

MILA 연구진이 개발했거나 개발중인 학습 알고리즘 개발에 대해 좀 더 쉽게 소개한다.

순환 신경망 RNN은 마치 책을 읽는 것과 같다. 우리는 책을 읽을 때 단어 하나하나를 개별적으로 이해하는 것이 아니다. 이미 이전에 일어난 일이나 사건을 기억하면서 전체 맥락을 이해한다. AI도 마찬가지다. 컴퓨터는 데이터를 더 잘 이해하기 위해 과거 정보를 기억하면서 미래 이런 식으로 전개할 것이라 예측하는 방식이다.

생성형 적대 신경망 GAN은 그림을 그리는 학생(생성자)과 그 그림이 진짜인지 가짜인지 판별하는 학생(판별자), 두 학생 간의 게임이

5 생성형 적대적 신경망은 MILA의 전 학생이었던 이안 굿펠로우에 의해 처음 소개되었다. 이후 연구소는 이 개념을 구체화하고 개선했다. 이러한 개념은 사실적인 이미지, 음악, 텍스트를 생성하는 데까지 사용되고 있다.

다. 그림을 그리는 학생은 판별자가 진짜인지 가짜인지 구분할 수 없을 정도로 그림을 잘 그리려고 노력한다. 시간이 지남에 따라 두 학생 모두 실력이 향상되어 화가는 환상적인 그림을 그리게 되고, 판별자는 가짜를 찾아내는 데 능숙해진다. 결국 0.5에 다가간다.

다음으로 딥러닝 및 심층 신경망에 대한 설명이다. 뇌에는 각각 다른 작업을 담당하는 여러 개의 방이 있다고 생각하면 쉽게 이해할 수 있다. 컴퓨터도 이와 유사한 방식으로 여러 개의 방(또는 레이어)을 두고 각기 다른 부분의 정보를 처리한다. 방이 많을수록 네트워크가 더 깊어지고 컴퓨터가 복잡한 작업을 더 잘 처리할 수 있는데 말그대로 딥러닝, 즉 심화학습이다.

컨볼루션 신경망 CNN은 사진 속 동물을 잘 식별하는 학생에 비유할 수 있다. 이 학생은 사진을 볼 때마다 수염, 꼬리 또는 날개와 같은 특징에 집중하여 어떤 동물인지 알아낸다. CNN도 비슷한 방식으로 작동한다.

MILA는 이런 뇌 작동 방식을 그대로 따라하기 하면서 맞춤형 학습 알고리즘에 적용한다.

RNN 적용 : 보통 학생들에게 역사를 가르칠 때, 현재 사건의 중요성을 이해할 수 있도록 하려면 과거의 사건을 숙지하도록 한다. 즉 RNN은 역사 워크북이다. 하나의 사건이 다른 사건으로 이어지는 역사에서처럼, RNN은 과거의 사건(또는 데이터)을 기억하여 미래를 예측하거나 이해시킨다. 언어학습, 다시 말해 앞선 단어를 이해하면 다음 단어를 이해하는 데 도움 되듯이, 언어 과목에서 특히 유용하다 할 것이다.

GAN 적용 : 미술 수업 시간에 A는 친구 B와 게임을 한다. A가 동물을 그리면 B는 그것이 실제 동물인지 가상의 동물인지 맞추는 게임이다. 시간이 지남에 따라 A의 그림은 점점 더 복잡해지고 B의 추측 실력은 향상된다.

딥러닝 적용 : 과학과 같은 복잡한 과목의 경우 A는 여러 방에서 공부한다. 한 방에서는 생물학을, 다른 방에서는 화학을 공부하는 식이다. 각 방은 그에게 주제에 대한 더 깊은 지식을 제공한다. 딥러닝을 여러 권으로 구성된 백과사전에 비유할 수 있다. 각 권(층 또는 방)은 주제에 대한 세부 사항을 더 깊이 있게 다룬다. 학생이 여러 권을 읽으면 각 권이 마지막 권을 기반으로 하기 때문에 복잡한 주제를 이해할 수 있다. 심층 신경망이 여러 레이어를 사용하여 데이터를 처리하고 학습하는 방식이 바로 이러한 방식이다.

CNN 적용 : 사진 동아리에서 A는 부리 모양이나 날개 패턴과 같은 특정 특징에 집중하여 새를 식별하는 방법을 배운다. 마찬가지로 CNN도 이미지의 특정 특징에 집중하여 이를 인식하고 분류한다. 학생에게 CNN은 미술 가이드북과 같다. 학생은 색상과 붓터치 같은 기본적인 특징(가이드북의 첫 번째 레이어)을 살펴본다. 그런 다음 패턴이나 모양을 찾는다(다음 레이어). 마지막으로 석양이나 인물과 같은 전체 그림을 인식한다(더 깊은 레이어).

CNN도 비슷한 방식으로 작동한다. 이미지의 작은 패턴을 인식하는 것부터 시작하여 복잡한 물체나 장면을 식별하기 위해 더 깊이 파고든다.

요약하자면, RNN은 과거 사건을 기억하는 역사 워크북, GAN은 두 학생이 한 명은 그림을 그리고 한 명은 심사를 하는, 학습에 흥미를 유발하는 게임이다. 딥러닝은 여러 권의 백과사전을 읽는 것과 같으며, CNN은 그림을 인식하는 미술 가이드북이다. MILA는 학생에게 다양한 튜터링을 사용하여 갖가지 주제의 전문가로 만들어가는 목표를 갖고 있다.

MILA 학습 알고리즘의 실제 적용

교육용 소프트웨어에서 머신러닝과 AI는 큰 잠재력을 가지고 있다.

다음은 이러한 기술 중 일부가 교육용 소프트웨어에 어떻게 적용되는지에 대한 설명이다. 순환 신경망 RNN 적용에 대한 설명이다.

첫째, 적응형 학습에 유용하다. RNN은 과거 학습 성과를 바탕으로 학생이 다음에 어려움을 겪을 가능성이 높은 부분을 예측할 수 있다. 이를 통해 학습 경로를 맞춤 설정하여 학생이 적절한 속도와 난이도로 자료를 받을 수 있다.

둘째, 언어 학습 도구로 효과적이다. RNN은 특히 배열이나 순서에 능숙하기 때문에 언어 관련 작업에 유용하다. 음성 인식, 번역, 문법 교정을 위한 앱을 통해 학생들이 새로운 언어를 공부하는데 도움을 줄 수 있다.

셋째, 예측 텍스트인데 사실 이 분야는 빌 게이츠가 가장 역점을 둔 분야이다. 장애가 있거나 타이핑에 어려움을 겪는 학생을 위해

RNN은 예측 텍스트 도구를 강화하여 다음 단어를 제안하거나 문장을 완성하여 의사소통을 도울 수 있다.

종합하면, 작문 보조 도구로서 RNN의 활용도가 높다. 학생이 입력할 단어를 미리 예측하여 작문 과정을 도울 수 있다. 또한 문법 오류를 식별하고 교정을 제공하여 학생들의 작문 실력 향상에 도움을 줄 수 있다.

다음으로 생성형 적대적 신경망 GAN의 적용 사례이다.

첫째, 콘텐츠 생성 솔루션에 유용하다. GAN은 사실적인 이미지, 오디오, 심지어 텍스트를 생성할 수 있다. 디지털 교과서의 삽화를 생성하거나 가상 실험실의 시나리오를 만들거나 교육용 게임 캐릭터를 개발하는 데 사용할 수 있다.

둘째, 증강 현실 구현에 보다 효과적이다. 현실 세계에 디지털 정보를 오버레이하는 앱에서 GAN은 상황에 맞는 사실적인 디지털 요소를 만드는 데 도움이 될 수 있다. 이는 역사(역사적 사건이 가상으로 펼쳐지는 것을 상상해보자), 또는 과학(분자 구조를 3D로 시각화)과 같은 주제에 사용할 수 있다.

이어 컨볼루션 신경망 CNN의 적용 사례인데 학습에 폭넓게 응용할 수 있다.

우선 이미지 기반 퀴즈에 적용할 수 있다. 시각적 인식이 필수적인 과목(식물종을 식별해야 하는 생물학)의 경우, 퀴즈 시스템에서 CNN을 사용하여 학생들이 이미지를 올바르게 식별하고 있는지 확인할 수 있다. 따라서 시각적 데이터 분석에 탁월하여 이미지 관련 작업에 이상적이다.

이를테면 생물학이나 지질학과 같은 과목에서 CNN은 학생들이 이미지를 기반으로 종, 광물 등을 식별해야 하는 퀴즈를 자동으로 채점할 수 있다.

대화형 학습 : 어린 학생을 위한 교육용 앱에서는 CNN을 사용하여 학생들이 사물의 사진을 찍고 그에 대한 자세한 정보를 배울 수 있다. 나뭇잎의 사진을 찍으면 나무의 종류에 대한 정보로 곧바로 연결된다.

시각 장애인을 위한 지원 : 시각 장애 학생을 위해 CNN은 교과서의 이미지, 그래프 또는 다이어그램을 설명하는 앱을 구동하여 시각적 콘텐츠를 기반으로 오디오 설명을 제공한다.

부정 행위 감지 : 온라인 시험에서 CNN은 웹캠을 통해 학생이 승인되지 않은 자료를 참조하지 않는지 모니터링할 수 있다.

이는 몇 가지 예에 불과하며 가능성은 무궁무진하다. 신경망에 대한 연구가 발전하고 교육 기술과 더욱 통합됨에 따라 훨씬 더 혁신적인 앱을 기대할 수 있다. 따라서 딥러닝 적용의 경우 응용 분야가 상당히 많다.

개인화된 피드백 : 딥러닝 모델은 에세이부터 복잡한 문제 풀이까지 학생이 제출한 과제를 분석하여 상세한 피드백을 제공하고 개선하는 리소스를 제시한다.

조기 감지 시스템 : 이러한 모델은 소프트웨어 내에서의 상호 작용과 진행 상황을 기반으로 뒤처지거나 어려움을 겪을 우려가 있는 학생을 조기 예측할 수 있다.

2

인공지능과 불치의 병 치료

2

인공지능과 불치의 병 치료

병든 세포의 '트래픽'을 분석

빌 게이츠가 AI 기술을 개발하면서 가장 역점을 둔 분야가 건강 분야였다. 그는 페북을 통해 의사로 개업중인 필자에게 이렇게 물었다. "인공지능이 치매나 불치의 암 같은 무서운 질병에 공헌하는 길이 무엇이며, 특히 현대 의학의 혜택을 볼 수 없는 사람들에게 골고루 혜택을 나눠 갖는 의술 평등의 방법이 무엇인가."

지금부터 빌의 생각을 이 글을 통해 옮겨볼 것이며, 나 역시 현직 의사임으로 내 지식을 동원해 그의 견해에 맞장구 쳐볼 생각이다.

빌 게이츠는 개인적으로나 자선 활동에서 난치 질환인 치매의 조기 발견과 예방에 깊은 관심을 보여 왔다. 2017년 빌 게이츠는 '치매발견기금'에 사비로 5천만 달러를 투자한 바 있다.

치매 등 뇌 질환은 여전히 치료하기 어려운 질병이다. 하지만,

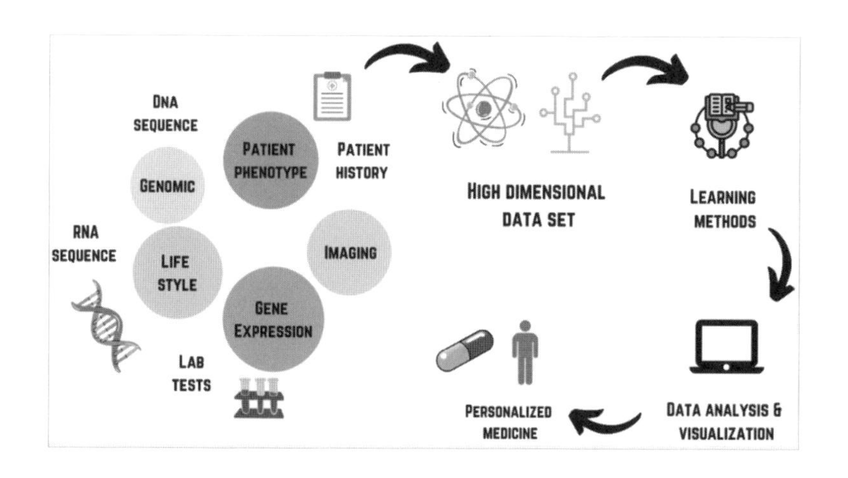

AI는 뇌질환에 대한 이해를 높이고 진단을 개선하며 효과적인 치료법을 개발할 수 있는 유망한 도구를 제공하는 추세에 있다. 빌 게이츠의 참여는 이러한 난치 질환에 대한 해결책을 찾는 것에 더욱 가속도를 붙일 것이다.

사람의 지능은 똑똑하지만 방대한 분량의 데이터를 컴퓨터처럼 빠르게 분석할 수 없다.

하지만, AI에게는 순식간에 처리할 수 있다. 특히 AI는 우리 몸의 복잡한 '트래픽'을 분석하여 문제가 발생하는 위치를 파악하고 해결책을 제시하는 방향으로 발전하고 있다. 우선 AI가 할 수 있는 것은 사람의 방대한 양의 생물학적 정보를 분석하며, 인간보다 더 효율적으로 이해하는 일이다. 트래픽을 분석하면, 질병이 어디서 어떻게 어떤 과정을 거쳐 발생하는지 분석하고 치료법을 제시할 수 있다. 다시 말해 몸속의 특정 결함을 표적으로 하는 약물이나 치료법을 설계할 수 있는 것이다.

여기서 '트래픽'은 우리 몸에서 일어나는 수많은 복잡한 과정을 표현하는 말이다. 도로에 차량이 움직이고, 멈추고, 상호 작용하고, 때로는 충돌하는 것처럼 우리 몸에서도 세포, 단백질, 유전자 및 기타 분자가 복잡한 방식으로 상호 작용한다. 질병이나 건강 이상은 이러한 생물학적 교통에서 '막힘' 또는 '사고'라고 표현할 수 있다.

이를테면 AI를 이용한 유방암 탐지 사례를 소개한다.

우리 몸에서 세포는 규칙적인 방식으로 끊임없이 분열하고 사멸한다. 그러나, 때때로 세포가 통제 불능 상태로 분열하기 시작하여 덩어리를 형성한다. 이것이 암으로 이어진다는 것이 일반적인 암 질환 유발의 개념이다.

유방암은 유방 조직에 '교통 카메라'와 같은 유방 촬영술을 사용하여 시각화 해서 탐지할 수 있다. 종래 탐지 기법이란, 방사선 전문의가 유방 조영술로 캡쳐한 이미지를 검사하여 암을 나타낼 수 있는 불규칙한 패턴이나 덩어리를 발견한다. 이는 교통 카메라가 사고나 교통 체증을 발견하는 유방 촬영술과 같다. 그러나, 아무리 숙련된 방사선 전문의라 할지라도 때때로 초기 암의 미묘한 징후를 간과하거나, 정상 덩어리를 악성으로 잘못 인식할 수 있다.

영상의학에서 인간의 한계와 AI 능력

유방 조영술은 수천 개의 관련 데이터가 포함된 이미지를 생성한다. 방사선 전문의는 매일 수많은 이미지를 검토해야 하므로 일관된 정확성을 유지하기가 쉽지 않다. 방사선 전문의의 업무 수행

능력은 피로, 업무량, 심지어 이미지를 보는 순서와 같은 요인에 의해 영향을 받을 수 있다. 실제 연구자들은 장시간 근무하면 진단 정확도가 떨어질 수 있다고 걱정한다. 체내 변화의 미묘함이란 잡아내기 어렵다. 암, 특히 유방암의 초기 징후는 매우 미묘하다. 미세 석회(작은 칼슘 침착물)와 미묘한 구조적 왜곡은 악성 종양의 초기 지표가 될 수 있지만, 쉽게 놓칠 수 있다는게 전문의들의 걱정거리 중 하나다.

방사선 전문의는 때때로 경증을 악성으로 오인하여 불필요한 조직 검사나 치료로 이어질 수 있다. 이는 환자에게 과도한 스트레스를 유발하고 의료 비용을 증가시키는 요인이다. 반대로 암의 미묘한 징후를 간과하여 치료가 지연되고 환자의 예후가 악화될 수 있다.

네이처지 등 널리 인용되는 의료 통계에 따르면 유방조영술의 민감도(암을 정확하게 식별하는 능력)는 75%에서 90%까지 다양하다. 이러한 차이는 방사선 전문의의 경험, 유방 밀도, 유방조영술의 품질과 같은 요인에 기인한다. 나머지 10~25%의 경우 재검사 또는 암 발생 징후를 놓칠 우려가 있다는 의미다.

가장 유명한 사례 중 하나는 배우이자 톰 행크스의 아내인 리타 윌슨의 사례이다. 2015년 리타 윌슨은 초기 검사에서 결정적이지 않은 소견이 나왔음에도, 2차 소견과 이후 조직 검사에서 암 질환 소견이 나와 양측 유방 절제술을 받았다.

유방 치밀도에 따라 조기 발견할 수 없는 경우도 있다. 치밀 유방이 있는 여성은 치밀한 조직이 종양을 숨길 수 있기 때문에 유방조영술에서 암을 발견하지 못할 위험이 있다.

일부 병원에서는 두 명의 방사선 전문의가 각 유방 촬영 사진을 검토하는 이중 판독으로 암 발견의 민감도를 높이고 있다. 유방조영술은 유방암 조기 발견을 위한 중요한 도구로 남아 있지만 완벽하지는 않다.

만일 AI 알고리즘을 적용한다면 민감도를 높일 수 있을까.

AI 시스템은 수천 또는 수백만 장의 유방 촬영 이미지를 학습하여 암과 관련된 미묘한 불규칙한 패턴을 인식하는 학습을 한다. 다시 말해, AI는 유방 조직 내 세포의 '트래픽'을 빠르게 분석할 수 있다. 이상 세포, 즉 '막힘' 또는 '사고'(암을 나타내는)의 징후를 매우 정밀하게 찾아낸다는 의미다.

AI가 트래픽의 문제를 발견하면 영상의학과 전문의에게 경고하고, 영상의학과 전문의는 이를 자세히 살펴본다.

AI는 사람보다 훨씬 빠르게 이미지를 분석한다. 몸속에서 일어나는 문제를 즉시 발견할 것이다. 특히 AI는 수백만 수천만 건이라는 방대한 분량의 데이터를 학습한 상태에서 오탐(정상 덩어리를 암 덩어리로 오인)과 간과(실제 암세포를 놓치는 것)의 실수를 줄일 수 있다.

더욱 AI 자체의 경험치가 쌓이면, 즉 시간이 지남에 따라 환자들로부터 더 많은 데이터를 확보하게 되고, 개인의 병력을 바탕으로 더욱 맞춤화된 평가를 제공할 것이다.

AI는 정교한 알고리즘을 토대로 생물학적 '트래픽'을 분석한다. 이를 토대로 우리 몸의 '트래픽'을 효과적으로 관리한다. 인간이 놓칠 수 있는 '사고' 또는 '오인'을 줄이면서 더 나은 검진 결과를 제공할 것이다.

또다른 예시를 들어본다. AI를 통한 심장병 진단 및 치료에 대한 실증 사례이다.

도시에서는 도로의 카메라와 센서가 차량 속도, 밀도, 흐름에 대한 실시간 감시로 데이터를 캡처한다. 이것이 데이터 수집(교통 모니터링)이다. 마찬가지로 몸속에서 웨어러블 디바이스와 의료영상 기술(심전도 또는 MRI)이 심박수, 혈류 및 조직 건강에 대한 데이터를 수집한다.

감시 도중 문제를 감지한다. 교통 체증을 식별한다. 도시에서 비정상적인 차량 증가는 사고나 도로 공사와 같은 문제를 야기한다. 몸속에서는 AI가 데이터를 분석하여 심장 박동의 불규칙성이나 혈류량 감소를 감지한다. 이는 잠재적인 심장 질환이나 임박한 심장 마비를 초래할 수 있다.

당국에서는 원인 찾기에 나선다. 교통 데이터를 분석하면 사고의 정확한 위치나 교통 혼잡의 원인을 정확히 파악할 수 있다.

마찬가지로 몸속에서도 AI가 심장 데이터를 추가로 분석하여 동맥이 막혔는지, 판막 문제인지, 근육 문제인지를 파악한다. 이어 예방 조치를 취한다. 도시에서는 실시간 교통 패턴을 기반으로 향후 교통 체증을 예측하거나 유지 보수 시기를 제시한다. 마찬가지로 몸속에서 AI가 개인의 건강 데이터를 기반으로 향후 심장 질환의 위험을 예측하거나 예방 조치를 제안할 수 있다.

솔루션 구현 즉, 교통 관리를 개선한다. 도시에서는 신호등을 조정하거나 운전자의 GPS 시스템에 경고를 보내 경로를 변경하도록 한다.

몸속에서는 AI가 심장 문제의 정확한 특성에 따라 혈액을 묽게 하는 약물이나 특정 유형의 수술을 제안하는 등 적절한 치료법을 추천한다.

AI가 우리 몸의 '트래픽'을 분석한다는 것은 도시의 첨단 교통 관리 시스템처럼 방대한 양의 생물학적 및 건강 데이터를 선별하고, 문제를 식별하고, 원인을 이해하고, 적절한 해결책을 제시하는 것을 의미한다.

유전자 분석 기술

AI의 힘을 빌린 인간 유전자 분석은 미래 의학에 큰 가능성을 제시하는 것이다.

인간의 유전자를 제대로 분석한다면, 질병의 원인과 분자적 토대에 대한 깊은 통찰력을 얻을 수 있다. AI가 분석한 인간 유전자 데이터의 폭발적 증가는 게놈 시퀀싱 비용을 획기적으로 낮추고 있다. 비용 하락은 곧 사용 가능한 게놈 데이터의 양, 즉 정보를 크게 증가시킨다. 이는 AI가 해결하기에 적합한 '빅데이터'를 창출하

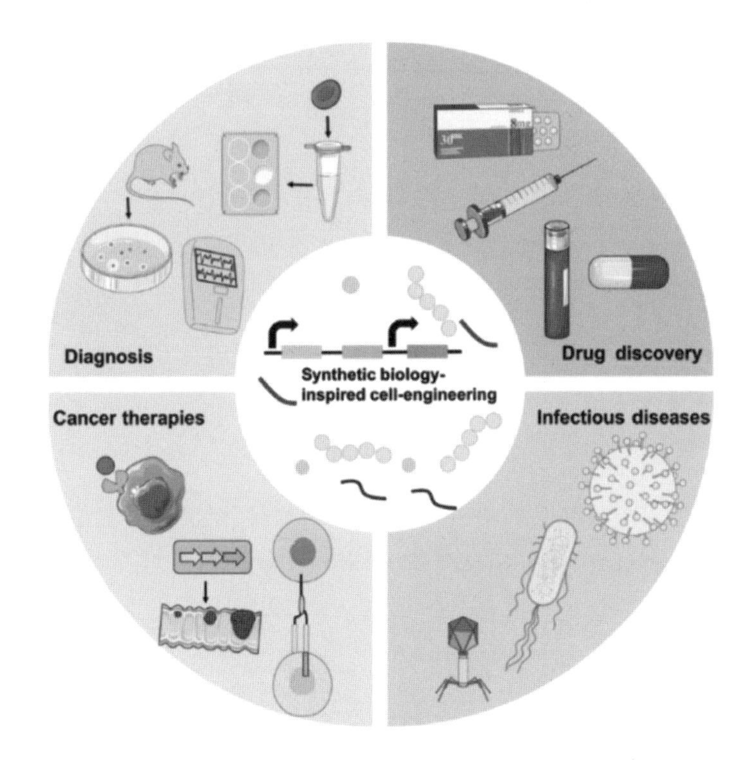

네이처지 참조
합성 생물학에서 영감을 얻은 세포공학은 AI 분석을 통해 다양한 의료 분야에 활용된다.
AI로 생성된 합성 유전자 네트워크는 질병 진단, 암 치료, 전염병 치료, 신약 개발에 쓰인다.

고 치매 등 난치 질병을 해소하는데 힘을 보탤 수 있다.

첫째, 게놈 전체 연관성 연구 GWAS이다.

GWAS는 특정 질병과 관련된 유전자 마커를 찾기 위해 많은 사람들의 게놈을 스캔하는 것이다. 방대한 게놈 데이터에서 AI는 유전자 변이를 식별할 수 있다. 연구자들은 GWAS와 AI를 통해 심장병, 당뇨병, 각종 암과 같은 질병과 관련된 수많은 유전자 마커를 확인하고 있다.

이런 가운데, 예측 유전체학은 특히 주목된다. 예측 유전체학은 나중에 특정 질병에 걸릴 위험이 있는 개인을 식별하는 분야이다. AI를 통해 유전자 정보를 다른 건강 데이터와 결합하여 개인의 위험 프로필을 생성하고, 이를 통해 조기 예방하도록 알려준다.

예를 들어, BRCA1 및 BRCA2 유전자 돌연변이는 유방암과 난소암 위험을 식별하는 마커이다. 이런 돌연변이가 발견된 여성은 더 자주 검진을 받거나 예방 수술을 받는 등 사전 조치를 취할 수 있다.

약물 유전체학도 각광받는 연구 분야이다. 약물 유전체학은 유전자가 약물에 대한 인체의 반응을 연구하는 분야이다. AI는 개인에게 맞는 약물 요법을 맞춤화하여 효과를 극대화하고 부작용을 최소화하도록 어드바이스하는 것이다. 이는 개인의 유전적 구성에 따라 치료법을 맞춤화하는 '맞춤 의학'을 가능하게 하는 것이다.

이어 기능 유전체학이다. 질병과 관련된 마커 즉, 유전자를 식별하는 것도 중요하지만, 그 유전자의 기능을 이해하는 것도 중요하다. AI는 특정 유전적 변화가 세포 기능에 어떤 영향을 미치고 질병에 어떻게 기여하는지 모델링하고 예측할 수 있다.

인간 유전자 분석의 중요한 목표는 희귀 질환을 분석하고 치료하는 것이다.

많은 희귀 질환에는 유전적 요소가 내재되어 있다. AI는 희귀 질환 환자의 게놈 데이터를 분석하고 저장, 희귀 질환에 대한 조기 진단과 치료를 가능케 하는 것이다.

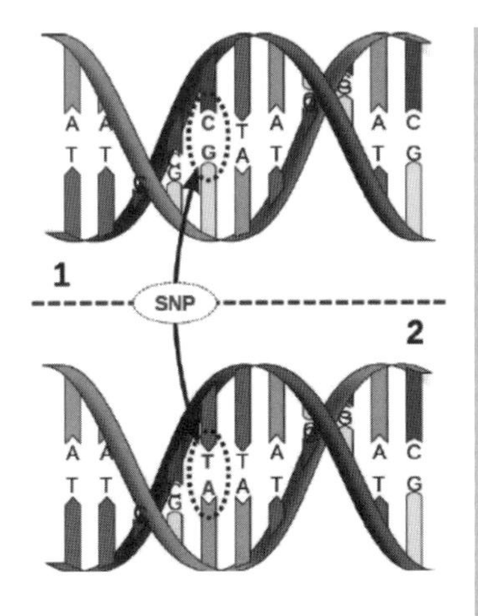

인공지능 기술 발달로 전체 연관성 연구(GWAS)가 활발하다. 이에 따르면 인간 유전체(DNA) 가닥의 각 단량체 , 즉 각 뉴클레오타이드는 인산기가 부착 된 당 (데 옥시 리보스)과 아데닌 (A), 구아닌 (G), 아데닌 시토신 (C) 또는 티민 (T))과 같은 염기로 되어 있다.
위치가 바뀌지는(SNP)는 유전자의 다양한 변종을 만들어 세포의 단백질을 변경하고 세포의 효소 능력을 감소 또는 증가시킨다. 대부분의 SNP는 관찰할 수 없다. SNP는 특정 질병과 관련된 유전자의 발견을 돕는 유용한 생물학적 마커이다.
인공지능은 알츠하이머 질환이나 암 관련 SNP를 발견하는데 탁월한 능력을 발휘할 것이다.

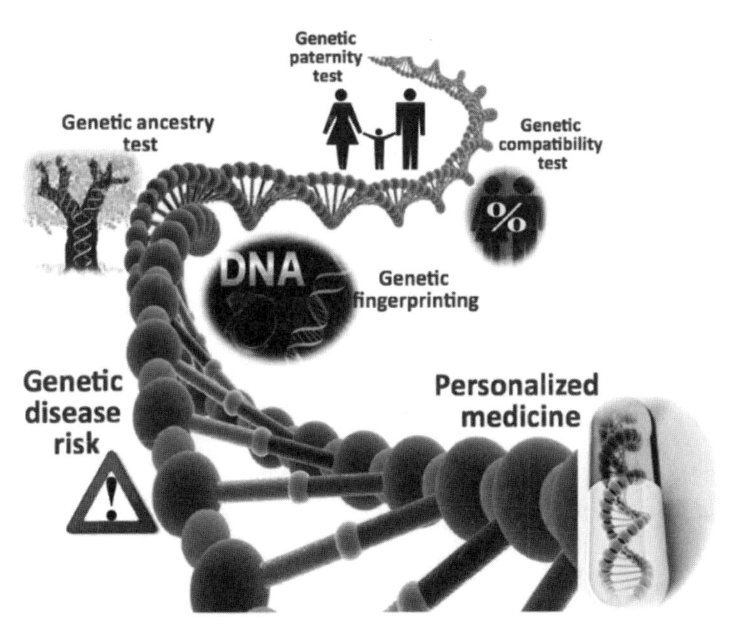

미국 코넬대 논문 'The Chills and Thrills of Whole Genome Sequencing' 인용

인간 게놈 분석은 오픈소스 플랫폼 구축 및 글로벌 협업을 촉진할 것이다. 유전체학과 AI의 결합으로 현대 의학적 한계를 계속 극복해내고 있다.

둘째, 질병 마커 및 예측 분석이다.

AI 알고리즘, 특히 딥러닝 모델은 질병과 관련된 패턴이나 유전적 마커를 감지하는 데 큰 효과를 발휘할 것이다. 예를 들어, AI가 특정 유형의 암에 걸린 수천 명 환자의 유전자 정보를 분석한다. 즉 AI는 해당 암과 관련된 일반적인 돌연변이 또는 유전적 패턴을 식별할 것이다. 이를 통해 특정 질병에 대한 개인의 취약성이나 위험 요소를 예측하는 데 큰 도움이 될 것이다. 이를 통해 기존 화학 요법과 같은 일반화된 치료법에서 발생하는 부작용을 최소화할 수 있다.

셋째, 축적된 게놈 데이터는 신약 개발을 촉진할 것이다.

신약 개발은 시간이 오래 걸리고 비용이 많이 드는 것으로 악명이 높다. AI는 게놈 데이터를 분석하여 약물 표적을 식별하면 단번에 이 과정을 줄일 수 있다.

예를 들어, AI 시스템이 특정 질병에 공통적으로 나타나는 유전적 돌연변이를 식별한다면,

특정 돌연변이를 표적으로 하는 약물을 개발할 수 있다. 현재 많은 거대 기업과 스타트업이 게놈 분야에 뛰어들었다.

구글의 딥마인드는 생물학 분야에서 중요한 난제인 유전자 데이터를 기반으로 단백질 구조와 폴딩을 예측하는 연구를 수행 중

이다.

넷째, AI는 암 유전체학의 발전을 촉진할 것이다. 대부분 암 질병은 특정 세포의 돌연변이에 의해 발생한다. AI는 종양 샘플을 분석하여 돌연변이를 정확히 찾아내고 이를 치료하기 위한 표적 치료법을 제시할 수 있다. AI는 방대한 게놈 데이터 세트를 분석하여 인간이 놓칠 수 있는 패턴을 찾아내기 때문이다. 여기에는 환자 종양의 유전적 구성을 기반으로 잠재적인 치료 옵션을 식별하는 데 IBM Watson for Genomics와 같은 도구가 사용되었다.

IBM 왓슨포지노믹스의 사례

이는 특히 종양학 분야에서 게놈 분석에 맞춤화된 애플리케이션이다. 임상의, 특히 종양학 전문의가 환자의 종양을 유발하는 유전적 요인을 분석하도록 고안되었다. 왓슨포지노믹스 Watson for Genomics의 주요 이점 중 하나는 속도에 있다. 사람에 의한 게놈 분석은 시간이 오래 걸린다. 왓슨은 단 몇 분 만에 이 분석을 수행하여 종양 전문의에게 적시에 정보를 제공한다. 특히 임상의가 간과했던 치료 옵션을 식별하여 환자 치료 결과를 개선한 사례가 여럿 있다.

이를테면 왓슨은 희귀 백열병을 앓고 있는 일본 여성 환자에 대해 단 몇 분 만에 환자의 게놈을 분석하여 원래 진단된 백혈병과는 다른 형태의 백혈병을 찾아냈다. 종양 전문의는 왓슨의 분석을 바탕으로 치료법을 변경했고 환자의 상태는 극적으로 개선되었다.

이 사례는 AI를 활용한 신속한 게놈 분석의 중요성과 잠재력

을 잘 보여준다. 그러나, 왓슨과 유사한 AI 도구는 인간의 전문성을 대체하는 것이 아니라 보완하는 것으로 아직은 간주해야 한다는 점이다.

현재 의학계나 임상 의료진에서는 인간의 감독 없이 AI에 지나치게 의존하는 것에 대한 우려가 광범위하게 존재한다. AI가 불필요한 치료법을 제시한 적도 있어 논란을 불러일으켰다. 그러나, IBM은 당시 왓슨이 아직 학습 단계에 있고 그 이후에도 지속적으로 개선되고 있다고 해명했다. 다시말해 AI는 특별한 정보를 제공하지만, 이를 해석하고 조치를 취하는 데 인간의 전문성이 매우 중요하다는 의미다.

AI 인간 유전자 분석의 장점

지금까지 설명을 토대로 AI 유전자 분석의 특징을 정리해본다.

1. 데이터 수집 : 교통 카메라와 센서가 도로 상황, 차량, 보행자에 대한 데이터를 수집하는 것처럼 의료계에서는 게놈 시퀀싱, 의료 영상(MRI, CT 스캔), 웨어러블 건강 모니터와 같은 기술이 우리 몸에 대한 방대한 데이터를 수집한다.

2. 질병 감지 : AI를 사용하면 복잡한 데이터를 더 빠르고 정확하게 분석할 수 있다. 교통 관리 시스템이 현재 상황을 기반으로 교통 체증이 발생할 수 있는 위치를 예측하는 것처럼, AI는 의료 이미지나 유전자 데이터를 분석하여 암과 같은 질병의 초기 징후를 증상이 나타나기도 전에 감지할 수 있다.

3. 치료 개인화 : 교통 체증이 모두 똑같지 않은 것처럼 질병도 개인마다 다르게 나타난다. AI는 환자의 고유한 생물학적 구성을 분석하고 맞춤형 치료 계획을 추천, 최상의 결과를 보장할 수 있다.

4. 신약 개발 : 신약 개발은 교통 체증을 완화하는 대체 경로를 찾는 것과 같다. 이는 막다른 골목처럼 장기간의 막대한 비용이 드는 과정이다. 그러나, AI는 다양한 약물의 작용 방식을 시뮬레이션하여 연구자들이 효과적인 치료법을 더 빠르고 저렴하게 발견하도록 돕는다.

5. 예측 분석 : AI는 방대한 양의 건강 데이터를 연구하여 패턴을 식별한다. 예를 들어, 도시의 특정 지역에서 같은 시간대에 지속적으로 교통 체증이 발생한다면 그 이유가 있을 것이다. 마찬가

지로 AI는 의료 데이터의 패턴을 분석하여 질병 발생이나 건강 합병증을 예측할 수 있다.

6. 글로벌 보건 개선 : AI는 향후 더욱 광범위하게 전염병 확산과 같은 글로벌 보건 데이터를 분석할 수 있다. 이러한 패턴을 이해하면 백신을 더 효과적으로 개발할 것이다.

빌 게이츠는 이렇게 예측한다. “보건 분야에서 AI의 잠재력은

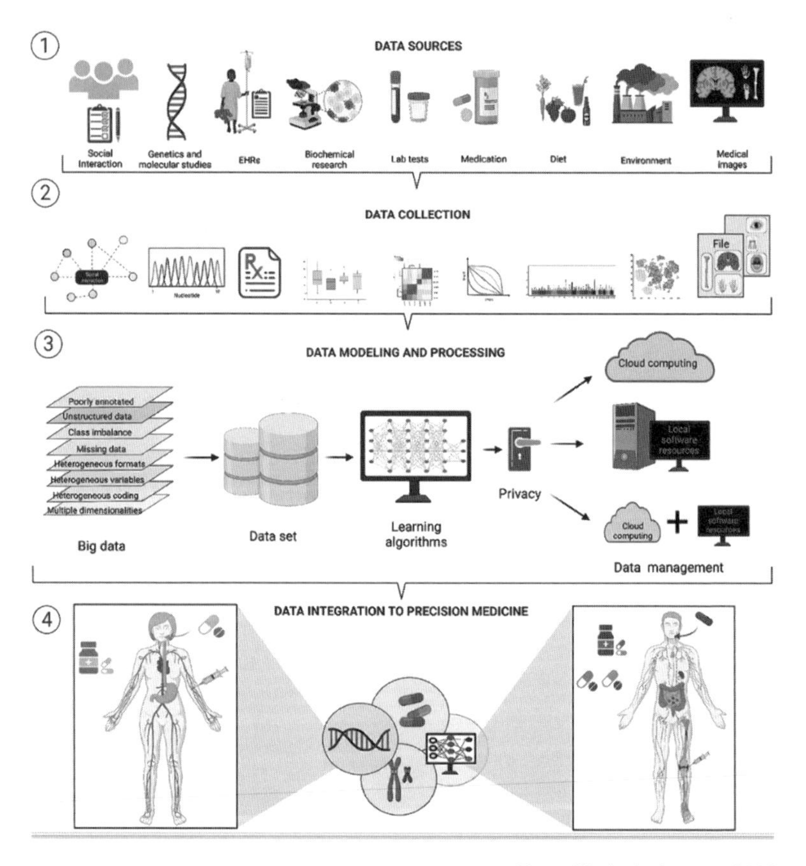

Front. Med., 25 January 2022

방대하고 복잡한 인간 생물학의 세계에서 패턴을 발견하고, 예측하고, 솔루션을 제공할 수 있는 능력을 고양하는 것이다"

AI는 개인 맞춤형 의료에 특화된다

AI는 유전자 데이터 분석을 통해 개인에 적합한 맞춤형 치료를 제공할 수 있다. 환자마다 유전자 구성에 따라 동일한 치료에도 다르게 반응하기에 개인별 맞춤형 치료가 중요하다. 암과 같은 질환에는 특히 필요하다 할 것이다.

예측분석

AI 기반 도구는 개인의 게놈을 스캔하여 특정 질병의 징후를 예측할 수 있다. 예를 들어, 민간 기업 '23andMe'나 'AncestryDNA'와 같은 플랫폼은 유전적 요인이 후손에 이르러 어떻게 질병으로 발현하는지 예측력을 제공한다. 23andMe와 AncestryDNA라는 두 기업이 소비자 대상의 유전자 검사 서비스로 대표적이다.

23andMe 플랫폼은 다양한 글로벌 인구의 인종적 배경을 분석한다. 머리카락의 곱슬거림, 취향 등 다양한 신체적 및 감각적 특성이 유전적으로 어떻게 이어지는가에 대한 정보를 제공한다. 아울러 특정 질병의 유전적 위험 요인을 알려줄 수 있다. 파킨슨병, 후기 알츠하이머병, 셀리악병 등의 질환도 포함된다. 특정 유전적 구성이 특정 약물에 어떻게 반응하는지도 알 수 있다. 23andMe는 혈통에 대한 정보를 제공하는 데 중점을 두었지만, 나중에 건강

관련 유전자 검사 기업으로 통합했다.

23andMe는 유전적 질병 소인 외에도 수면 패턴과 같은 웰빙 관련 분야, 또는 모발 곱슬 또는 취향 선호도 등 신체적 특징을 제공한다. 그러나, 유전적 소인이 반드시 질병의 발병으로 이어진다는 것은 아니다.

Ancestry.com의 자회사인 AncestryDNA는 주로 혈통과 조상을 추적하는 데 중점을 두고 있다. 조상의 인종 비율과 잠재적인 이주 경로에 대한 정보도 제공한다. 23andMe와 마찬가지로 AncestryDNA도 다양한 인종적 유전 특성과 질병 사이의 연관성을 연구한다.

AncestryDNA는 계보학 시장에서 중요한 역할을 하고 있는데, 방대한 데이터베이스를 보유하고 있어 가족 관계를 찾는 이들에게 유용하다. 다만 질병 진단이 아닌 정보 제공 용도로만 사용되어야 한다. 결론적으로 23andMe와 AncestryDNA는 모두 조상과 건강에 대한 귀중한 정보를 제공하지만 유전적 건강 관련 결과를, 진단이 아닌 더 넓은 건강 퍼즐의 한 조각으로 접근하는 것이 중요하다.

23andMe는 광범위한 유전적 소인에 따른 건강 관련 데이터로 유명하며, AncestryDNA는 광범위한 족보 데이터베이스로, 특히 가족력 연구에 관심이 있는 사람들에게 유용하다는 평을 받고 있다. 그러나, 건강 소인과 관련하여 이러한 유전자 검사의 정확성에 대한 논란은 계속되고 있다. 잠재적인 유전적 위험에 대한 스냅샷은 제공되지만, 개인의 전체 유전적 구성이나 건강에 영향을 미치는 다양한 환경 및 생활 습관 요인 등은 모두 파악하지는 못한다.

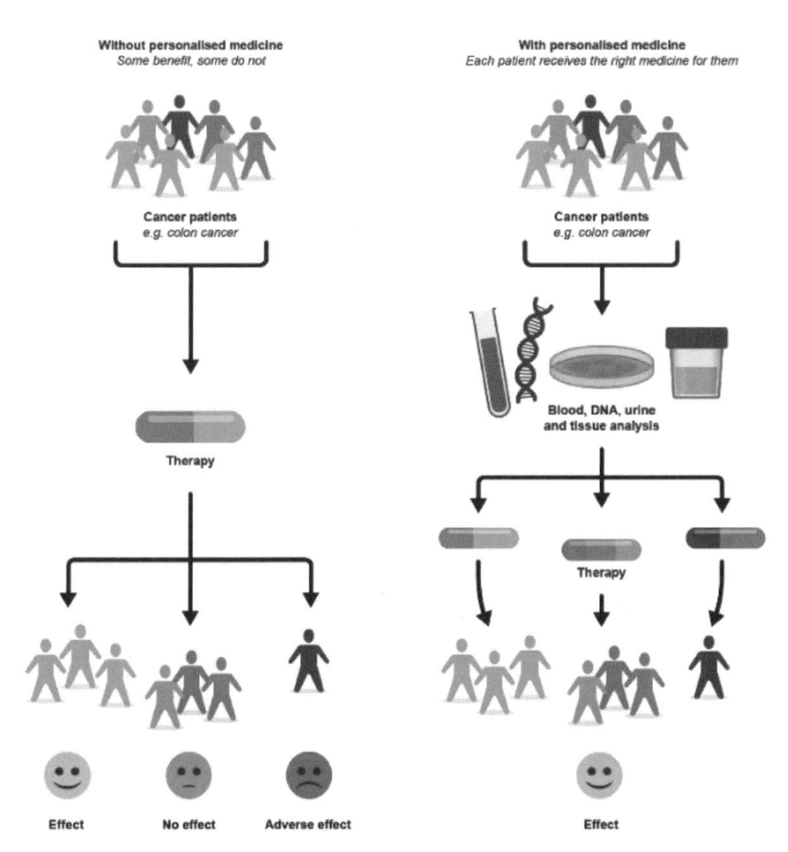

개인 특화된 치료(오른쪽)와 무작위 치료(왼쪽)를 비교한 그림. 오른쪽 개인 특화된 치료는 혈액, 유전자 등 개인 소스 데이터를 인공지능으로 분석해 치료법을 제시한다.

난치 질환 신약 개발의 현황

신약 개발과 유전자 분석에 AI를 도입한 것은 가장 혁신적인 발전으로 꼽는다. 신약 개발의 전통적인 장벽, 즉 비용, 시간, 실패율 등은 AI로 인해 점차 완화되거나 해소될 수도 있다. AI는 방대한

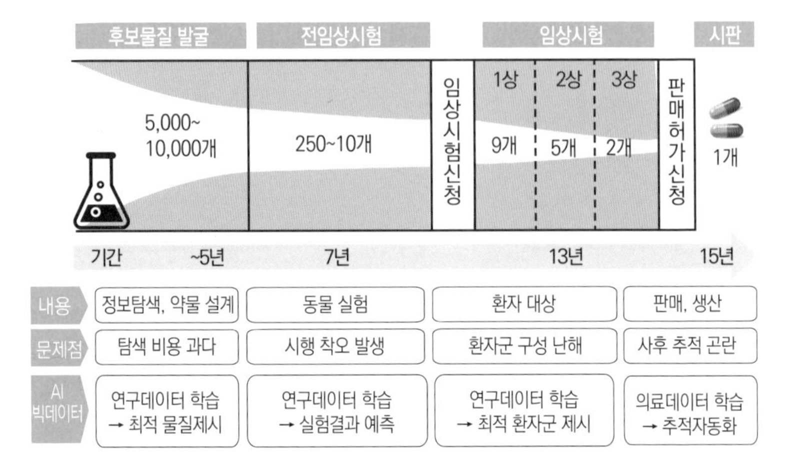

데이터 세트, 머신러닝, 고난도 예측 알고리즘을 활용하여 이런 어려움을 극복해내고 있다.

우리 몸을 하나의 거대 도시에 비유할 수 있다. 수많은 자물쇠(단백질)가 작동하여 몸을 움직이지만, 때때로 이러한 자물쇠가 제대로 작동하지 않아 고장(질병)을 유발한다. 약물은 이러한 자물쇠의 기능을 고치거나 수정하는 특수 키와 같다. 약물을 독특한 퍼즐 조각이라고도 한다.

몸속에는 수많은 자물쇠(단백질)가 있다. 퍼즐 조각이 이 자물쇠 중 하나에 완벽하게 맞으면 자물쇠를 열거나 막아 질병을 치료할 수 있다. 퍼즐 조각은 무수히 많다. 그러나, 특정 자물쇠(단백질)에 맞는 퍼즐 조각(약물)을 찾기란 건초 더미에서 바늘을 찾는 것에 비유된다. 새로운 약물 즉, 신약 개발이 그만큼 어렵다는 의미다.

그러나, AI를 도입하면 차원이 다른 기법이 펼쳐진다. 수많은 짝을 맞춰 본(수많은 수리적 계산) AI는 순간적으로 새로운 퍼즐 조각을 디자인할 수 있다. 마치 AI는 신약 설계를 위한 스마트 키 제조공에 비유된다. 특정 자물쇠에 가장 잘 맞는 퍼즐 조각을 예측한다. 퍼즐 조각이 원치 않는 부작용을 초래하는지도 예측한다. 다시 말해 일단 약물을 개발하면 AI는 약물의 특성도 예측할 수 있다. 새 열쇠(신약)가 너무 약하거나 금방 녹슬지 않을지 예측한다는 말이다. 이는 약물이 우리 몸에서 어떻게 작용할지, 해로운 영향을 미칠 수 있는지, 약효가 얼마나 오래 지속될지를 알려주는 것과 같다.

AI 신약 개발의 현황

현재 연구 진행 상황은 이렇다.

첫째, 약물의 용도 변경 분야이다. 알려진 약물을 AI가 죄다 분석하여 내재되어 있는 새로운 용도를 찾는 능력이다. 인력으로는 거의 불가능하다. 우선 AI는 기존 승인된 약물 데이터베이스를 모두 마이닝한 다음, 의사나 연구자의 질문에 답할 수 있다. 해당 약물이 원래 목표로 하지 않았던 다른 질병에 효과를 발휘하는지 답변한다.

둘째, 예측 모델링이다. AI는 고급 알고리즘을 통해 약물이 체내에서 어떻게 대사되는지, 잠재적인 부작용은 없는지, 목표 질병에 대한 약물의 효과는 어떤지, 투여하기 전에 미리 예측할 수 있다. 이는 비용과 시간이 많이 드는 임상시험에서 사람에게 적용할 시 문제되는 것을 사전에 식별하는 것이다.

셋째, 바이오마커의 발견이다. AI는 방대한 데이터 세트를 샅샅이 뒤져 질병을 진단하고, 질병 진행을 예측하며, 특정 치료에 환자의 몸이 어떻게 반응할지 분석하는 바이오마커를 식별할 수 있다.

넷째, 분자 모델링이다. 딥러닝은 새로운 분자를 설계하거나 기존 분자를 수정하여 더 효과적인 약물을 만들 수 있다.

이런 딥러닝을 선도하는 글로벌 기업으로는 몇 개가 있다.

먼저 구글 알파벳 자회사 딥마인드를 꼽을 수 있다. 바둑으로 유명해진 딥마인드는 처음 게임플레이 AI 분야로 유명했지만, 현재는 생물학 분야로 영역을 확장하고 있다. 딥마인드의 알파폴드 시스템은 수십 년 동안 풀리지 않았던 단백질 구조를 규명해 화제가 되었다. 단백질 구조를 이해하면 질병 메커니즘과 약물 설계에 대한 다양한 정보를 얻을 수 있기 때문이다.

'베네볼런트AI BenevolentAI'도 유명하다. 영국에 본사를 둔 이 회사는 기존 정보 분석을 토대로 잠재적인 신약 후보를 식별하기 위해 AI를 사용한다. 희귀 암 및 신경 퇴행성 질환과 같은 분야에서 신약 개발을 가속화하고 있다.

코로나19 팬데믹 기간 동안 BenevolentAI는 바리시티닙을 코로나19의 잠재적 치료제로 식별하는 성과를 올렸다(다음 항목에서 자세히 설명). 신경 퇴행성 및 희귀 암과 같은 분야도 집중하고 있다. AI 신약개발 기업들이 임상 성공 확률을 높이기 위해서는 기존에 확보한 AI 알고리즘의 개선과 더불어 높은 수준의 실험 데이터 확보,

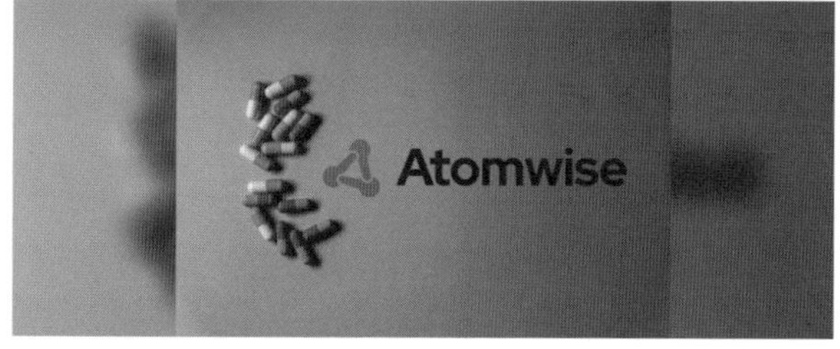

임상실험 디자인 개선, 다른 연구진과의 협력과 공유를 통해 임상 성공 가능성을 높여야 한다.

아톰와이즈 Atomwise의 자회사인 AtomNet은 AI 기반을 토대로 어떤 분자가 효과적인 약물이 될 수 있는지 예측한다. 이 회사는 신약 개발의 초기 단계를 수 년에서 단 며칠로 단축했다. 분자 데이터베이스를 스캔하여 특정 질병에 맞는 잠재적 타겟을 식별해낸 다음, 에볼라와 다발성 경화증 등을 치료할 수 있는 분자를 성공적으로 식별했다. 이 회사의 AI 기술은 어떤 분자가 질병 치료에 효과적인지 예측하는 데 특화되어 있다.

리커션 파마슈티컬스는 AI와 실험 생물학을 결합하여 수천 가지 질병을 선별하여 잠재적인 치료법을 찾는데 몰두하고 있다. AI를 사용하여 세포가 다양한 화학 물질에 어떻게 반응하는지 확인하여 잠재적인 치료법에 대한 정보를 도출한다.

인실리코 메디슨 Insilico Medicine은 노화 및 노화 관련 질병에 중점을 둔다. 신약으로 사용될 수 있는 새로운 분자를 생성하고 일부는 임상시험 중이다.

리페어 테라퓨틱스는 항암 치료법 개발을 위한 합성 치사율 상호 작용을 식별하여 개발중이다. 합성 치사율은 암세포의 유전적 취약성을 이용하는데, AI는 이러한 복잡한 상호 작용을 규명하는 데 최적화 되어 있다.

개인 맞춤형 의료에 AI를 활용하는 데 중점을 둔 템푸스 Tempus는 임상 및 분자 데이터를 분석하여 의사가 특히 종양학 분야에서 보다 개인화된 치료법을 결정하는데 특화되고 있다.

신약 개발은 흥미진진하고 빠르게 진화하는 분야이지만, 여전히 복잡한 과정을 수반한다. AI는 잠재적 후보를 식별하고 질병 메커니즘을 이해하는 초기 단계를 크게 향상시키지만, 새로운 치료법의 안전성과 효능을 보장하기 위해서는 엄격한 테스트, 임상시험 및 규제 평가가 여전히 중요하다.

코로나 바이러스 치료제를 찾아낸 AI

이는 AI의 약물 용도 변경의 활용도를 보여준다. 약물 용도 변경 또는 재창출은 승인된 약물 또는 임상시험용 약물의 원래 의학적 적응증 범위를 벗어난 새로운 치료 용도를 파악하는 프로세스이다. 약물 용도 변경(기존 약물의 새로운 용도 찾기)에서 AI는 몇 가지 주목할 만한 성공을 거두었다. 최근 몇 년 동안 가장 널리 알려진 사례 중 하나는 COVID-19의 치료법을 식별하는 데 AI를 이용한 것이다.

COVID-19에 대한 바리시티닙 Baricitinib 사례

신종 코로나바이러스 SARS-CoV-2로 인한 COVID-19는 2019년 말 출현하여 전 세계인 의 건강 위기를 초래했다. 초기에는 특별한 항바이러스 치료제가 없었기 때문에 과학계는 효과적인 치료법을 찾는 엄청난 압박감에 시달렸다. 바리시티닙은 원래 류마티스 관절염 치료제로 FDA 승인을 획득한 약물이다. 관절 부분 염증을 매개하는 특정 단백질을 억제하는 약물이다.

그런데 베네볼런트AI BenevolentAI가 2020년 초 AI 플랫폼을 사용하여 바이러스의 인간 세포 내 침투와 복제를 억제할 가능성이 있는 기존 판매 승인된 약물들을 선별했다. AI는 일부 코로나19 환자에게 심각한 증상을 유발하는 염증을 억제하면서도, 바이러스가 세포에 침입하는 것을 방지하는 이중 역할을 하는 바리시티닙을 치료 가능 약물로 식별했다. 다시 말해 바리시티닙이 항염증뿐만 아니라 바이러스가 폐 세포에 침입하는 것을 억제할 수 있다고 AI가 예측한 것이다.

이 약물에서 항염증 작용으로 중증 COVID-19 환자의 면역력을 회복시키고 또한, 바이러스가 세포에 침입하는 경로를 방해하여 세포를 감염력을 억제할 가능성을 확인한 것이다. 이후, 베네볼런트AI는 바리시티닙의 약물 효력을 보다 광범위하게 탐색하기 시작했다. 바리시티닙을 항바이러스제 렘데시비르와 병용하면 코로나19 환자의 회복 시간이 단축된다는 단서도 찾아냈다. 이 연구 결과에 따라 미국 FDA는 바리시티닙과 렘데시비르 병용에 대한 긴급 사용을 승인했고 EUA, 전 세계적으로 이 약물이 확산되었다. 이 사례는 원래 치료 목적으로 설계되지 않은 질병에 대한 약물 후보를 식별하는 데 있어 AI의 능력을 보여주는 것이다.

AI의 역할을 보여주는 또 다른 주목할 만한 사례가 있다. 주로 천식에 사용되는 시클레소니드 Ciclesonide의 사례이다.

시클레소니드는 원래 천식 및 알레르기 비염 치료제로 승인된 흡입용 코르티코스테로이드였다. AI 알고리즘은 기존 약물 가운데 SARS-CoV-2 바이러스에 작용하는 치료법을 식별했다. 즉, 시클레소니드가 SARS-CoV-2 바이러스의 복제를 억제할 수 있다고 예측했다. 이 약물의 메커니즘을 분석하고 바이러스의 알려진 경로와 비교하여 결론을 도출했다. 시클레소니드는 코로나 바이러스의 복제를 억제하고, 중증 COVID-19와 관련된 유해한 염증 반응을 완화하는 것으로 밝혀졌다. 이 화합물은 NSP15 엔도리보뉴클레아제로 알려진 바이러스의 특정 성분을 표적으로 삼는다. 바이러스가 인간 세포에서 성공적으로 복제되는 것을 막는 것으로 추정되었다.

이에 따라 일부 임상시험의 예비 결과에 따르면 시클레소니드는 특히 감염 초기에 투여할 경우, 환자의 COVID-19 중증도를 낮추는 데 도움되는 것으로 나타났다. 시클레소니드가 가능성을 보였지만, 코로나19 치료제 개발을 위한 약물의 용도 변경은 아직 연구 중이며 더 광범위한 임상시험 결과가 발표되어야 한다. 신약 개발 과정에서 신속한 대응과 엄격한 과학적 검증의 균형을 맞추는 것이 얼마나 중요한지 잘 보여주는 사례들이다.

AI가 발견한 새 약물 효능 사례들

방대한 데이터 세트를 순식간 분석하는 AI는 약물 용도 변경에서도 점점 더 중요한 역할을 할 것이다. 코로나19의 치료제 이외에 AI의 약물 용도 변경은 이미 다양한 질병 치료에서 활용되고 있다. 다음은 다른 몇 가지 실증 사례를 소개한다.

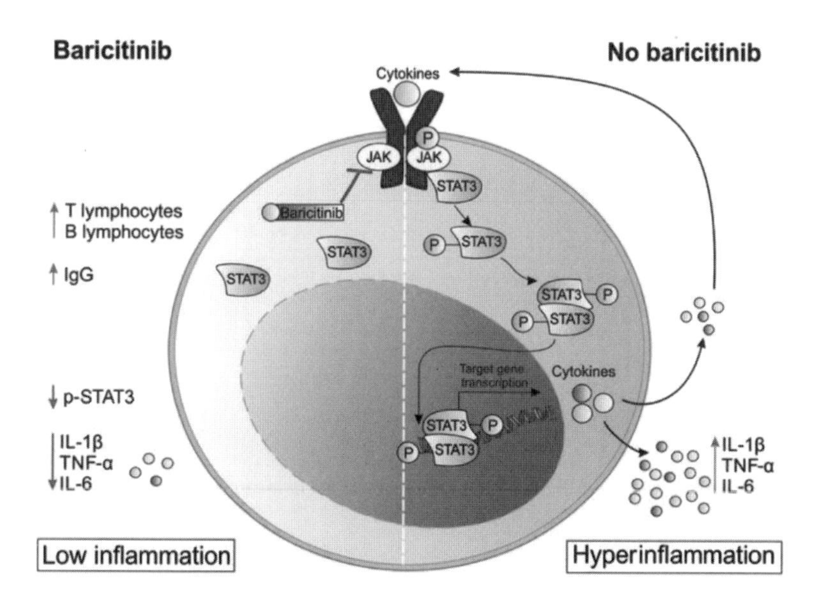

애초 류마티스 관절염 치료제인 바리시티닙은 AI 머신러닝 알고리즘을 통해 염증 반응을 완화하는 것으로 특정되었다. 급성 폐 손상 원인으로 알려진 사이토카인 활성 억제 외에도, 바리시티닙은 SARS-CoV-2의 세포 내 증식을 억제할 것으로 예측되었다.

첫째, 류마티스 관절염 및 루푸스를 치료하는 하이드록시클로로퀸이다. Hydroxychloroquine for Rheumatoid Arthritis and Lupus

이 약물은 애초 항말라리아제로 사용되었다. 용도 변경 초기에는 AI가 관여하지 않았지만, 최근 AI 모델은 알려진 메커니즘을 기반으로 다른 질환 치료에 대한 효능을 예측하도록 훈련되었다. AI는 하이드록시클로로퀸의 항염증 효과를 인식하게 되었고, 이로 인해 현재 류마티스 관절염 및 루푸스와 같은 질환에 대한 표준 치료제로 사용되고 있다.

둘째, 폐동맥 고혈압 치료제 실데나필(비아그라)이다. Sildenafil (Viagra) for Pulmonary Arterial Hypertension

애초 용도는 고혈압 및 협심증 치료제로 개발되었다. 연구자 분석에 따라 실데나필의 약역학 및 동역학을 기반으로 실데나필의 다른 잠재적 용도가 식별되었다. 발기부전 치료제로의 용도 변경은 실로 우연에 의한 것이었다. 당시 AI의 사용이 귀했던 시절이었으나, 이제는 AI 알고리즘을 통해 잠재적 용도를 더 깊이 분석하는 시대에 있다. 실데나필은 발기부전 치료제로 널리 알려진 것 외에도 레바티오Revatio라는 브랜드로 폐동맥 고혈압 치료제로도 이미 승인된 바 있다. 폐의 혈관을 이완시켜 혈류를 개선하는 방식으로 작용한다.

셋째, 다발성 골수종 치료제인 탈리도마이드이다. Thalidomide for Multiple Myeloma

이 약물은 원래 입덧 치료제(임산부를 위한 진정제 및 구토 방지제)로 판매되었으나 선천성 기형 유발로 인해 시판 중단되었다. 그런데, 최근 AI가 탈리도마이드 효과의 메커니즘을 마이니하는 도중 다른 치료 효과를 발견했다. 탈리도마이드는 다발성 골수종 및 나병 합병증과 같은 질환의 치료제로 재도입되었다. 특히 혈액암의 일종인 다발성 골수종과 관련된 잠재적인 항암 특성을 확인, 다발성 골수종(백혈병의 일종) 환자들에게 새로운 희망을 주고 있다.

넷째, 노화 방지용 메트포르민이다. Metformin for Anti-Aging

애초 용도는 제2형 당뇨병 치료제로 설계되었고 처방되었다. 이 약물에 대해 AI가 방대한 데이터 세트를 분석한 결과 메트포르민 약물이 노화 관련 질병의 발병도 억제하는 것으로 나타났다. 이는 잠재적인 노화 방지 효과라는 가설로 이어졌다. 현재 메트포르민은 여러 연구를 통해 노화 방지 약물로 연구되고 있다. 향후 AI 알고리즘은 노화 연구에서 인간 연구자 능력으로는 불가능한 속도와 규모로 기존 약물의 새로운 용도를 식별하고 검증하는데 쓰일 전망이다.[6]

---

6 메트포르민과 제2형 당뇨병: 메트포르민은 1950년대 후반부터 제2형 당뇨병 1차 치료제로 사용되었다. 메트포르민을 복용하는 당뇨 환자는 약을 복용하지 않는 사람에 비해, 암을 포함한 특징 연령 관련 질병의 위험이 감소한다는 여러 관찰 연구가 있었다. 메트포르민의 잠재적인 노화 방지 효과에 대한 메커니즘은 아직 연구 중이다. 메트포르민이 mTOR 경로, AMP 활성화 단백질 키나아제(AMPK)와 같은 노화 관련 세포 경로에 미치는 영향이 주로 연구대상이다. 메트포르민의 노화 방지 가능성에 관한 가장 잘 알려진 시험은 알버트 아인슈타인 의과대학의 니르 바

다섯째, 결핵 치료용 항우울제의 새로운 효능의 발견이다. 플루옥세틴(일반적으로 프로작으로 알려진)과 데시프라민을 포함한 몇 가지 일반적인 항우울제는 처음에 우울증 치료 약물로 개발, 판매 승인되었다. 그러나, AI 머신러닝이 약물 활성에 대한 수많은 데이터 세트를 분석한 결과, 특정 항우울제가 결핵을 유발하는 박테리아 억제에 효과적이라고 예측했다. 실험실 테스트 결과 이 약물은 결핵균의 성장을 억제하는 것으로 확인되었다. 하지만, 실험실 결과가 치료제로 바로 적용되는 것은 아니다. 항우울제나 어떤 약물이 결핵 치료에 공식적으로 권장되기 전에 그 약물의 효능, 최적 용량, 안전성, 잠재적 부작용, 다른 약물과의 상호작용 등을 확인하기 위해 엄격한 임상시험을 거쳐야 한다.

여섯째, 뇌암 치료제인 메플로퀸mefloquine이다. 애초 용도는 항말라리아제로 개발되었으나, 공격적인 뇌암 세포에 대한 기존 약물의 AI 스크리닝 과정에서 뇌암 세포의 성장을 억제하는 것으로 식별되었다. 메플로퀸은 특히 공격적인 형태의 뇌암인 교모세포종 세포의 성장을 억제하는 것으로 분석되었다. 현재 효능을 확인하기 위해 수년째 임상 연구가 진행 중이다. 임상 결과에 따라 그 효능이 입증될 것이다.

르질라이 박사가 주도한 TAME(타겟팅 에이징을 통한 메트포르민) 시험이다. TAME 시험은 메트포르민이 특정 질병이 아닌 노화 관련 질병의 발병 또는 진행을 지연시킬 수 있는지 여부를 테스트하기 위해 고안되었다. 아직 메트포르민은 공식적으로 노화 방지 약물로 분류되지 않았다.

알츠하이머병 발병의 원리

지금까지 연구된 내용을 중심으로 좀 더 보충 설명하겠다. 알츠하이머병 AD은 인지력 저하와 기억력 상실을 특징으로 하는 신경퇴행성 질환이다. 연구에 따르면 AD 발병에서 두 가지 주요 특징은 아밀로이드 베타 Aβ 플라크와 타우 신경섬유의 엉킴으로 알려져 있다.

아밀로이드 베타(Aβ) 플라크 : 아밀로이드 베타는 β-세크레타제 및 γ-세크레타제 효소에 의한 순차적으로 분해되어 아밀로이드 전구체 단백질(APP)에서 파생된 펩타이드이다. 정상인의 경우 소량의 Aβ가 생성되어 뇌에서 제거되는 반면, 알츠하이머병 환자에게는 Aβ 펩타이드가 축적되어 세포 외 플라크를 형성한다고 연구되었다.

베타Aβ 플라크는 신경세포에 매우 해로운 영향을 미친다. 신

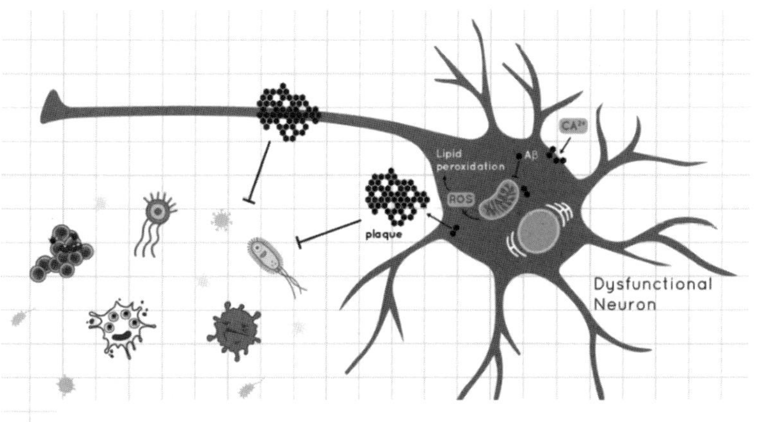

베타 아밀로이드 플라크인 Aβ는 알츠하이머병(AD) 환자의 뇌에서 불용성 응집체를 형성하는 것으로 알려져 있다.

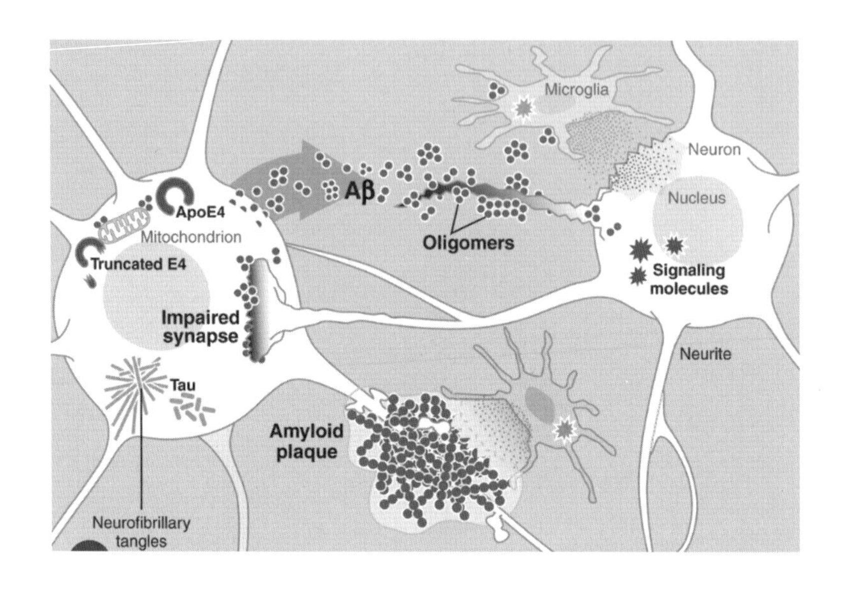

경염증, 산화 스트레스, 시냅스 기능 장애를 유발하는 것으로 알려져 있다. Aβ 응집이 알츠하이머 발병의 주요 요인 중 하나로 알려져 있다.

타우 신경섬유 엉킴 : 타우는 일반적으로 신경세포의 구조와 기능을 유지하는 데 필수적인 뉴런 미세소관의 조립과 수송, 안정화를 돕는 단백질이다. 타우는 비정상적인 변형을 겪으며, 이로 인해 잘못 접히고 한 쌍의 나선형 필라멘트로 응집되어 결국 세포 내 신경섬유를 엉키게 한다. 잘못 접힌 타우의 축적은 미세소관의 안정성을 방해하고 뉴런의 기능을 방해한다. 이러한 엉킴은 뉴런의 내부 수송 시스템을 방해하여 궁극적으로 뇌 속 세포의 사멸로 이어진다.

머신러닝 모델, 특히 딥러닝은 뇌 스캔과 같은 방대한 양의 데

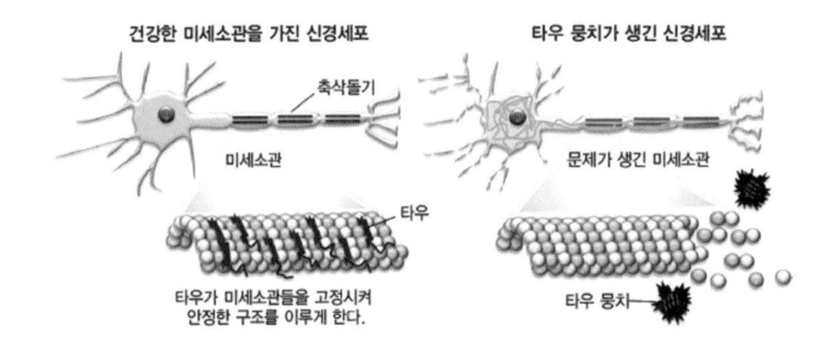

이터를 처리하고 분석하여 사람의 눈으로 놓칠 수 있는 미묘한 패턴을 식별할 수 있다.

AI 모델은 베타Aβ 및 타우 수치, 유전적 요인 등 여러 유형의 데이터를 결합하여 알츠하이머병을 감지할 뿐만 아니라 병변 진행과 조기에 예측하는 것을 목표로 한다. 이는 조기 개입과 적절한 치료 계획을 세우는 데 매우 중요하다. 그러나, 현재 아밀로이드 베타 Aβ와 타우가 현재 알츠하이머병 이해의 핵심이지만, 알츠하이머병은 다인성 질환이라는 점에 유의할 필요가 있다. 염증, 산화 스트레스, 혈관 문제와 같은 다른 요인들도 알츠하이머병의 발병과 진행에 중요한 역할을 한다는 것이다.

AI 알고리즘, 특히 딥러닝 모델은 MRI나 PET 스캔 등 신경 영상 데이터에서 초기 알츠하이머 또는 다른 형태의 인지 기능 저하를 나타낼 수 있는 미묘한 패턴을 식별할 수 있다.

이러한 패턴은 방사선 전문의사가 감지하기에는 너무 미묘하다. 따라서 AI는 영상, 유전학, 인지 테스트 점수 및 기타 바이오마커를 포함한 여러 데이터 소스를 통합하여 질병에 대한 전체적인 이해를 제공하고 있다.

알츠하이머병(AD) 신약 개발하기

알츠하이머병 연구자들이 발병 요인으로 알려진 뇌 속의 단백질을 발견한 것이 최근 가장 뚜렷한 연구 성과이다. 이어 이 단백질을 억제하면 질병의 진행을 멈추거나 되돌릴 수 있다는 가설을 세운다.

1. 표적 단백질의 구조와 아울러 유사한 단백질과 상호 작용하는 알려진 화합물, 기존 약물 등 알츠하이머 병증과 관련한 방대한 데이터를 AI 알고리즘에 입력한다.
2. AI는 표적 단백질을 잠재적으로 억제할 수 있는 여러 화합물을 추천한다.
3. AI는 약물을 투여하기 전 인체가 약물을 어떻게 대사할지 예측한다. 이를테면 AI는 화합물 중 하나가 간에서 분해되어 독성이 있는 부산물로 비화됨을 예측하는데, 이는 즉 미리 부작용을 알려주는 식이다. 대표적 부작용으로 환자 심박동이 증가할 것으로 예측한다.
4. 연구자들은 AI의 예측을 토대로, 독성 부산물 생성 위험을 완화하기 위해 첫 번째 화합물의 구조를 수정하기로 결정한다. 또한 심박수 증가로 인한 부작용을 줄이기 위한 두 번째 화합물 구조도 조정한다. 수정된 화합물은 실험실에서 합성되고 테스트 된다.
5. 조정된 첫 번째 화합물은 더 이상 독성 부산물을 생성하지 않고, 두 번째 화합물은 심박수 증가를 유발할 위험이 줄어든다.

6. AI의 도움으로 잠재적인 문제를 조기에 식별하고 해결했기 때문에 화합물이 임상시험에서 성공할 가능성이 높아진다. 즉, 임상시험 실패를 줄여 시간과 비용을 모두 절약하는 것, 특히 사람에 대한 임상시험의 위험성을 줄여나간다.

결론적으로 AI는 환자를 대상으로 시간과 비용이 많이 드는 임상시험을 통해 문제점을 알아차리는 대신, 사전에 약물 설계 단계에서부터 문제점을 식별하고 해결하는데 동원된다. 이는 약물 개발 프로세스를 더욱 가속화할 뿐만 아니라 안전하고 효과적인 약물을 생산할 가능성을 그만큼 높이는 것이다.

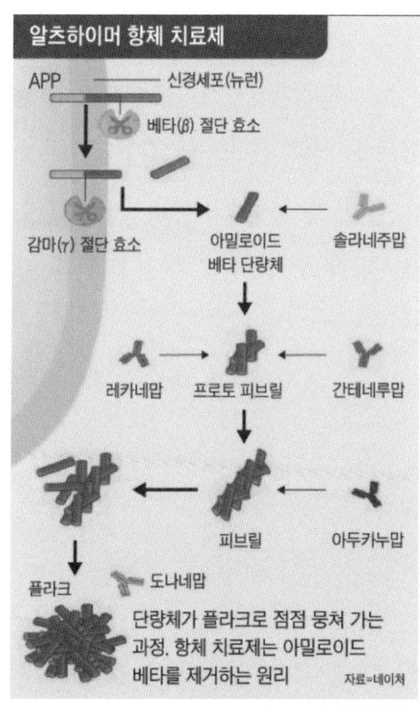

조선일보 2023.7.13 인용

AI 알고리즘, 특히 딥러닝 모델은 방대한 데이터 세트를 학습하여 초기 알츠하이머 또는 다른 형태의 인지기능 저하를 알아차릴 수 있는 수준의 미묘한 패턴을 식별할 수 있다. 현재 알츠하이머병의 진행을 예측한 AI 모델이 개발되어 있다. 이 모델은 시간에 따라 아밀로이드 베타 수치의 동적 변화와 환자에게서 얻은 데이터를 결합하여 알츠하이머병의 진행을 예측할 수 있다. 알츠하이머병 발병의 핵심 요인으로 타우와 아밀로이드 베타를 처음 식별할 때는 AI를 기반으로 하지 않았다. 하지만, 이후 분석, 예측 및 임상 적용에서 AI의 기능을 적극 활용하여 보다 심층적인 정보와 더불어 보다 개인화된 환자 치료 경로를 제공하는 데 도움을 주고 있다.

질병의 지표 바이오마커의 발견

AI가 질병의 지표, 즉 바이오마커를 발견하면서, 가장 큰 진전을 이룬 분야 중 하나는 종양학이다. 이는 특정 유형의 암을 진단하고 진행을 예측하는 분야이다.

가장 흔하고 치명적인 암 중 하나인 폐암은 초기 단계에서 통상적 방사선 이미지(MRI 촬영)에서 미묘한 징후를 놓치거나 잘못 해석되는 경우가 많다. 그러나, 엄청난 처리 능력의 AI를 이용하면, 수백 수천 장의 방사선 이미지에서 대량의 정량적 특징을 추출할 수 있다.

현재 AI는 바이오마커 발견에 대단한 능력을 보인다.

먼저 환자의 폐에서 대량의 CT(컴퓨터 단층 촬영) 스캔을 수집한 다음, AI 알고리즘이 이러한 CT 스캔을 처리하여 종양의 모양, 질감, 강도 및 기타 공간 패턴을 설명하는 정량적 특징을 추출한다. 이러한 패턴은 육안으로 포착하기에는 너무 미세하다.

AI가 식별한 바이오마커는 암의 존재 여부뿐만 아니라 암의 공격성, 전이 가능성, 심지어 종양의 유전적 아형까지 예측할 수 있다. 질병 진행을 예측하면 의사는 선제적인 치료 결정을 내리고 고위험 환자를 더 면밀히 모니터링할 수 있다.

AI는 방대한 양의 데이터를 선별하여 바이오마커를 식별한다. 이러한 AI 기반 처리 능력은 폐암 및 기타 다양한 질병의 조기 진단, 위험도 분류, 개인 맞춤형 치료 계획에 혁신을 가져것이다.

알츠하이머병의 진행을 예측하는 데 AI를 사용하는 것은 새롭게 떠오르는 분야이다. 미국의 많은 기관에서 알츠하이머 및 AI와 관련된 몇 가지 저명한 기관의 연구 결과가 공유되고 있다. 알츠하이머병 AD은 70대 이상 노인 연령대에서 가장 흔한 치매 유형 중 하나이다. 알츠하이머병을 제때 발견하는 것은 알츠하이머병 치료를 위한 새로운 접근법을 찾는 데 매우 중요하다. AI는 임상에서 컴퓨터 진단 CAD 시스템으로 사용되며 뇌 이미지의 변화를 식별하여 감지하는 데 중요한 역할을 한다.

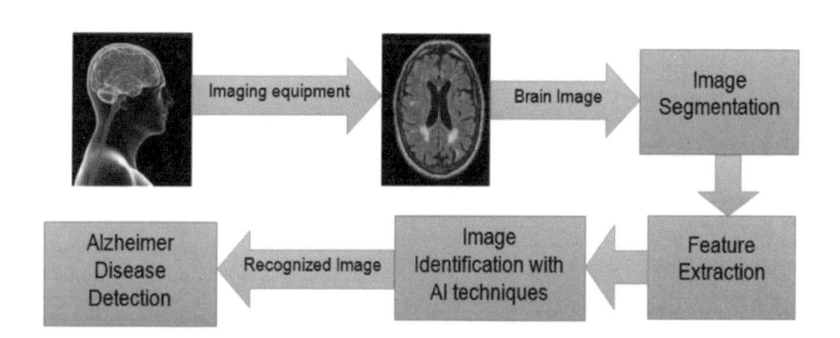

알츠하이머병 감지를 위한 뇌 사진 촬영 → 뇌 이미지 분석 → 특징 추출 → 머신러닝 (ANN, CNN) 분석 → 자세한 진단 판독. 미국에서 행하는 있는 일반적인 인공지능 기술을 적용한 AD 판별 시스템이다.

먼저 '배너 알츠하이머 연구소'는 애리조나주 피닉스에 위치한

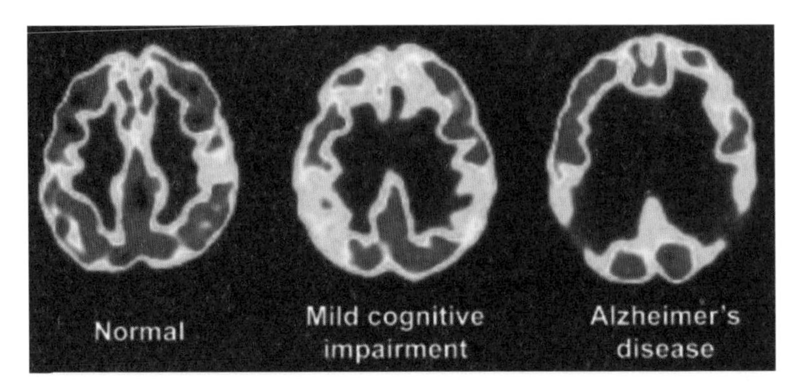

미국 UC버클리대 연구팀이 인지 장애를 느낀다는 85명의 연구 참여자를 조사한 뇌 사진 평균치이다. 양전자 방출 단층 촬영(PET)을 통해 특정 뇌 영역의 포도당 대사가 낮은 사람(인지도가 느린 사람)은 그렇지 않은 사람에 비해 2년 이내 알츠하이머병에 걸릴 위험이 15배 더 높았다. 이는 뇌 활동량(포도당 대사)이 적은 사람(게으름, 무위도식)이 15배나 치매에 걸릴 확률이 높다는 것을 나타낸다.
뇌의 측면과 후면에 위치한 측두엽과 두정엽(기억 형성 및 언어 관련 영역) 왼쪽사진은 노란색과 빨간색으로 표시된 포도당 대사의 정상 수준을 보여주는 PET 스캔. 뇌 가운데 부분이 점점 검게 변하고 있다. 뇌 활동이 점점 적어지고 있다는 신호이다. 정상(왼쪽 사진)에서 약간의 인지 장애(가운데)와 알츠하이머 진단(오른쪽)을 나타낸다.

배너대학교 알츠하이머 연구소

스탠포드대학교 기억장애센터

다. 조기 발견 및 예방 전략에 중점을 두고 있다. 스탠포드 대학교의 '기억장애센터'는 알츠하이머를 조기에 발견하기 위해 AI와 머신 러닝에 중점을 두고 있다.

UC 샌프란시스코(UCSF)의 '기억 및 노화센터'는 신경 퇴행성 질환에 관한 선도적인 연구 센터 중 하나이다.

'알츠하이머병 신경영상 이니셔티브'ADNI는 알츠하이머병의 전체 스펙트럼에 대한 임상, 인지, 영상, 유전, 생화학 바이오마커 특성 간의 관계를 규명하는 것을 목표로 설립된 연합 연구센터이다. 아직 많은 모델이 탐색 또는 검증 단계에 머물러 있다.

알츠하이머병 치료 연구 현황

알츠하이머병 AD 및 관련 치매 질환은 전 세계인의 주요 관심사다. 개선된 진단 도구, 조기 발견 방법 및 예후 경고 수단의 발전이 절실히 요구된다. 앞에 설명을 토대로 정리해본다.

1. 신경 영상 분석 : 신경 영상 기술, 특히 MRI와 PET 스캔은 방대한 양의 데이터를 생성한다. AI 알고리즘은 이 데이터를 분석하여 초기 알츠하이머병 또는 그 진행을 나타낼 수 있는 미묘한 변화나 패턴을 식별한다. 예를 들어, AI는 특정 뇌 영역 부피의 손실이나 PET 스캔에 사용되는 특정 화합물의 흡수 변화를 감지한다.

2. 게놈 및 바이오마커 분석 : AI는 대규모 유전 정보 데이터 세트

를 분석하여 알츠하이머병 위험 또는 진행에 대한 잠재적인 유전적 마커를 식별한다. APOE4와 같이 이미 알려진 유전자를 넘어 잠재적으로 새로운 유전적 위험 요인을 찾아내는 데 주력하고 있다. 또한 혈액, 뇌척수액 또는 타액에 존재하는 다른 바이오마커도 AI를 사용하여 패턴을 찾고 있다.

3. 임상 데이터 분석 : 환자 병력, 증상 진행 상황, 기타 의료 정보를 포함하는 EHR(전자 건강 기록) 데이터는 방대하고 복잡하다. AI는 이를 분석하여 질병의 진행을 예측하거나 증상 클러스터를 기반으로 초기 징후를 식별한다.

4. 디지털 바이오마커 : 웨어러블 기술의 발달로 수면 패턴부터 심박수까지 다양한 지표를 지속적으로 모니터링하는 것이 가능하다.

알츠하이머병 연구를 선도하는 대표적인 연구 기관 몇 곳을 소개한다.

미국 알츠하이머 협회 : 알츠하이머 협회는 알츠하이머에 대한 기술 중심 솔루션과 연구를 지지하며, AI와 관련된 연구에 협력하거나 자금을 지원하고 있다.

국립노화연구소(NIA) : 미 국립보건원 NIH의 일부인 NIA는 노화 및 관련 질병과 관련된 빅데이터, 유전체학, AI 관련 연구를 지원하고 있다.

ADNI(알츠하이머병 신경 영상 이니셔티브) : 알츠하이머병의 진행에 관한 데이터를 수집하고 공유하는 중요한 이니셔티브이다.

당뇨성 망막증 치료의 신기원

미국 식품의약국 FDA은 최근 AI 기술 기반의 첫 의료기기 IDx-DR의 시판을 허가했다. AI가 당뇨병을 앓고 있는 성인에게 경미한 수준의 안과 질환인 당뇨병성 망막증 Diabetic retinopathy을 감지하는 의료 기기다.

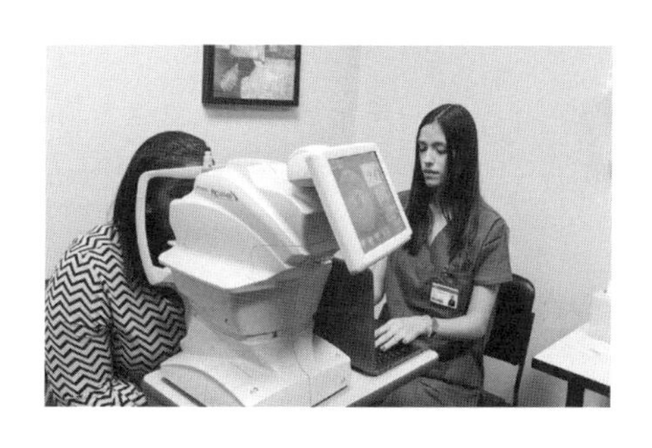

당뇨병성 망막증은 고혈당으로 인해 빛에 민감한 조직인 망막에 있는 미세혈관이 손상될 때 발생한다. 당뇨병성 망막증은 당뇨병을 앓고 있는 사람들이 시력을 잃는 가장 흔한 원인이다. 성인 근로 연령 성인 중 시력 장애 및 실명의 주요 원인이 된다.

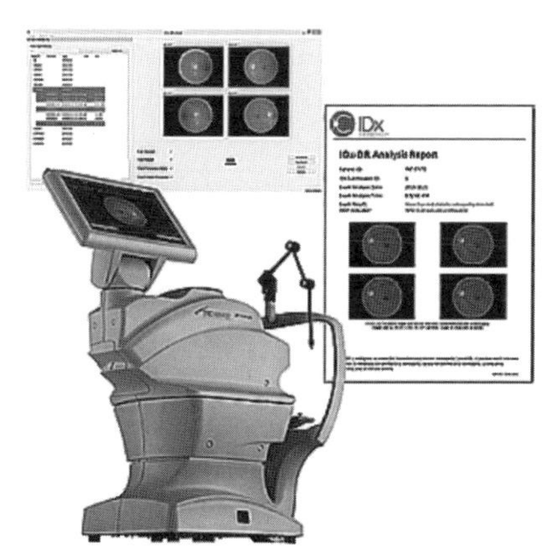

망막증의 조기 발견은 당뇨병 환자를 위한 치료 관리의 중요한 부분이다. 하지만, 대부분 당뇨병 환자가 거의 안과 의사를 만날 수 없기 때문에 조기에 치료를 못해 시력 상실로 이어지는 경우가 빈번하다. FDA의 기기 및 방사선 건강센터의 이비인후 부분 책임자인 말비나 아이델만 Malvina Eydelman 박사는 이렇게 말했다.

"주치의 진료실에서 사용할 수 있는 새로운 인공지능 기술의 마케팅이 허용되었다. FDA는 앞으로도 필요한 의료 서비스에 대한 환자의 접근성을 개선할 수 있는 안전하고 효과적인 디지털 의료 기기의 출시를 촉진할 것이다."

IDx-DR에 탑재된 AI 알고리즘은 망막 카메라 Topcon NW400으로 촬영한 눈의 이미지를 분석하는 소프트웨어이다. 의사는 환자의 망막 디지털 이미지를 클라우드 서버에 업로드한다.

이미지의 품질이 충분하면 소프트웨어는 의사에게 (1)'경증 이상의 당뇨망막증 발견 : 안과 전문의에게 의뢰' 또는 (2)'경증 이상의 당뇨망막증 음성, 12개월 후 재검사'라는 두 가지 결과 중 하나를 제공한다. (1)의 경우 당뇨 환자는 가능한 한 빨리 안과 전문의의 진료를 받아 망막병증 치료를 받아야 시력을 잃지 않는다.

IDx-DR은 임상의가 이미지나 결과를 해석할 필요 없이 검사를 결정하도록 시판 허가를 받은 최초의 기기다. 안과 진료에 관여하지 않는 의료진도 사용할 수 있다.

FDA 평가 결과, IDx-DR은 경증 이상의 당뇨망막병증이 있는 환자를 87.4% 수준으로 식별할 수 있었다. 당뇨성 망막증은 임신 중에 매우 빠르게 진행된다. 따라서 임신 중인 당뇨병 환자에게는 사용해서는 안된다. 오로지 IDx-DR은 황반부종을 포함한 당뇨병성 망막증만을 감지하도록 설계되었으며, 다른 질병이나 상태를 감지하는 데 사용해서는 안된다.

AI 기반 신약 개발의 분자 모델링

딥러닝은 새로운 분자를 설계하거나 기존 분자를 수정하여 더 효과적인 약물을 만들 수 있다. 분자 모델링은 신약 개발 분야에서 새롭게 떠오르는 블루오션과 같다.

분자 모델링의 핵심은 AI 기술을 통해 분자의 움직임, 특히 다른 분자(생물학적 표적 약물)와의 상호작용을 시뮬레이션하는 것이다. 딥러닝은 방대한 데이터 세트를 학습하여 각 분자에 대해 많은 비용과 시간이 소요되는 실험을 실행하지 않고도 다양한 분자가 어떻게 행동할지 예측함으로써 분자 모델링을 보다 고도화할 수 있다.

최근에는 생성형 적대적 신경망 GAN 또는 변형 오토인코더 VAE와 같은 딥러닝 모델이 새로운 분자 구조를 생성해 신약을 만드는 데 이용되고 있다.

예를 들어 미국 아톰와이즈 Atomwise는 AtomNet 플랫폼을 사용하여 다양한 분자가 생물학적 표적과 어떻게 상호 작용하는지 식별한다. 현재 NVIDIA 및 미국립암연구소와 공동으로 암 퇴치를 위한 신약 개발에 주력하고 있다.

캐나다의 경우 토론토, 몬트리올, 에드먼턴에 강력한 AI 커뮤니티가 형성되어 AI 연구의 허브로 부상했다. 토론토의 벡터 인스티튜트, 몬트리올에 위치한 Mila는 선도적인 AI 연구 기관이다. MilA는 신약 개발 등 생명과학 분야에서 AI의 응용에 이정표가 되고 있다. 토론토의 스타트업 딥지노믹스 Deep Genomics 등은 AI를 기반으로 유전 질환의 영역에서 새로운 치료법을 찾고 있다. AI를 사용하여 유전적 변이에서 분자가 어떻게 영향을 미치는지 연구한다.

2017년에 설립된 벡터 인스티튜트(토론토)는 특히 딥러닝에 중점을 둔 AI 분야에서 독보적이다. 혁신적인 AI 기술을 개발하고 캐나다가 AI 최전선에 설 수 있도록 지원한다. 차세대 AI 혁신가와 사고 리더를 배출하는 것을 목표로 한다. 세계 3대 딥러닝의 연구자 중 한 명인 요슈아 벤지오 Yoshua Bengio 교수가 설립한 Mila는 알고리즘 및 AI 학습에 특화된 사설 연구소로서, 특히 AI의 사회적 영향과 AI 의료 기술 개발에 중점을 둔다.

AI는 약물과 같은 작은 분자가 우리 몸의 표적 단백질의 복잡한 구조에 어떻게 도킹되고 결합되는지 예측한다. 신약 설계에서 딥러닝 모델은 환자 치료에 특화된 특성을 가질 가능성이 높은 화학 구조를 생성하여 새로운 약물과 유사한 분자를 처음부터 설계할 수 있다. AI 모델은 지금까지 연구된 화학 구조와 특성을 담아놓은 방대한 데이터베이스를 통해 스스로 학습한다.

AI 모델은 용해도, 독성, 대사 안정성, 잠재적 부작용 등 약물 화합물에 대한 다양한 특성도 미리 예측한다. Atomwise와 슈레딩거 Schrodinger 등의 의료 기업은 어떤 분자가 특정 표적에 효과적일지 예측한다. Google의 DeepMind와 글락소스미스클라인

GSK은 협력해서 머신러닝이 신약 설계에 몰두하고 있다.

슈뢰딩거는 님버스 테라퓨틱스 Nimbus Therapeutics와 협력하여 비알코올성 지방간염 NASH 치료를 위한 강력한 화합물을 발견해 개발 중이다.

구글의 딥마인드의 알파폴드는 단백질 구조를 밝혀내는데 획기적인 성과를 낸 사실은 잘 알려져 있다. 단백질의 3D 모양이나 구조는 단백질의 기능과 약물이 단백질끼리 어떻게 상호 작용하는지 연구하는 데 매우 중요하다. 그야말로 알파폴드는 전례 없는 정확도 수준을 달성하여 구조 생물학에 혁신을 일으켰다.

단백질 구조 분석은 아미노산 서열을 토대로 단백질의 3D 구조를 예측하는 것이다. 이런 작업은 생명체에서 단백질의 기능(자체 기능과 상호작용)이 단백질의 3D 모양이나 구조에 의해 좌우되기에 매우 중요한 문제이다. 종래 X-선이나 극저온 전자 현미경 등의 방법은 시간과 비용이 많이 든다.

단백질 구조를 이해하면 의학을 넘어 재료 과학 및 기타 분야에도 혁신을 가져올 수 있다.

예를 들어 이산화탄소를 포집할 수 있는 단백질을 설계하면 기후 변화 대처에 큰 도움이 된다. 단백질은 아미노산 사슬로 구성된 복잡한 분자이다. 이 사슬의 폴딩 즉, 어떻게 접히는지에 따라 단백질의 구조가 결정되고, 단백질의 기능을 결정한다.

아미노산 사슬이 어떻게 접히는지 예측하는 것, 즉 '단백질 접힘 문제'는 지난 50여년 동안 생물학계에서 해결되지 않은 과제였다. 이론적으로 체내에서 단백질이 접히는 방법은 천문학적으로 많기 때문에 연구자가 실제 기능적 구조를 예측하는 것은 불가능했다.

알파폴드의 단백질 구조 분석

알파폴드의 접근 방식은 이렇다. 딥러닝을 사용하여 단백질의 모양을 결정하는 아미노산 쌍 사이의 거리와 화학 결합 사이의 각도를 예측한다. 모든 아미노산 쌍 사이의 거리 분포를 예측한다. 거리 분포가 주어지면 모든 아미노산의 공간적 위치를 예측해 접힘을 효과적으로 분석해냈다. 거리가 중요한 이유는 이것이다. 문장을 번역할 때 단어의 위치가 다르면, 의미도 달라지는 것처럼,

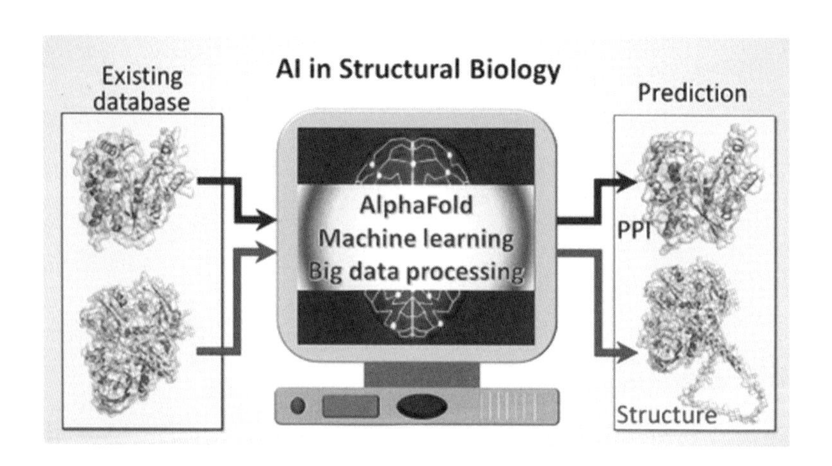

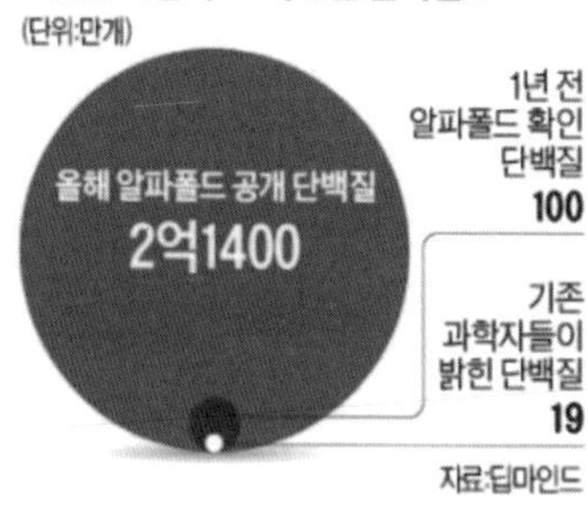

아미노산 역시 그렇다.

아미노산 쌍 사이의 거리와 각도의 원리는 이렇다. 아미노산을 목걸이의 구슬이라고 생각하다. 딥러닝은 각 구슬(아미노산)이 다른 모든 구슬과 얼마나 떨어져 있는지를 알아낸다. 마치 모든 사람이 들판에 서서 서로 얼마나 멀리 떨어져 있는지를 추정하는 것과 같다.

이 구슬(아미노산)은 끈(결합)으로 연결되어 있다. 이 끈이 연결되는 각도에 따라 목걸이의 모양이 달라진다. 철사를 여러 가지 방법으로 구부린다고 생각해보자. AI 즉, 알파폴드는 이러한 연결(결합)이 구부러지는 방식을 추측하려고 시도한다.

구슬 사이의 거리와 연결 끈이 구부러지는 방식(화학 결합 각도)에 대한 아이디어를 얻으면 목걸이를 눕혔을 때 목걸이의 전체적인 모양을 추측을 할 수 있다. 즉, 전체 목걸이(단백질)가 3D 공간에서 어떻게 보일지 상상하는 것이다.

즉, 알파폴드는 마치 탐정이 들판에서 친구들 사이의 거리와 서로 연결되는 방식에 대한 단서를 알아내어, 모든 사람이 특정 모양이나 패턴을 형성하기 위해 어디에 서 있을지를 예측하는 것과 같다. 이를 통해 우리 몸속 단백질의 복잡한 모양을 파악할 수 있다.

1. 모든 단백질에는 고유한 아미노산 서열이 있다. 이 서열에는 단백질이 자연스러운 모양, 또는 형태로 접히는 데 필요한 모든 정보가 포함되어 있다. 이는 퍼즐을 완성하기 위해 모든 정확한 퍼즐 조각이 있어야 하는 것과 유사하다. 단백질의 아미노산은 다양한 힘을 통해 서로 상호 작용한다. 이는 수소 결합인데, 이는 아미노

산의 극성(하전) 부분 사이의 끌어당기는 힘, 즉 인력이다.

2. 딥러닝은 기존 단백질 구조가 포함된 방대한 데이터 세트를 학습한다. 이러한 데이터 세트를 학습하면, 아미노산이 서열에 따라 서로 상대적으로 어떻게 위치하는지 패턴을 인식한다.

3. 이어 조상으로부터 진화한 여러 종 또는 변종 단백질의 서열을 나란히 배치하여 유사(또는 보존되어 온)한 영역을 식별한다. 유사한 영역은 시간 진화에 따라 모양이 일관되게 유지되었기 때문에 애초 구조에 대한 힌트를 제공할 수 있다. 알파폴드는 여러 서열 정렬 정보를 사용해 아미노산 간의 공간적 관계에 대한 제약을 추론한다.

4. 반복적 개선 : 초기 구조 예측은 완전히 정확하지 않을 수 있다. 알파폴드는 아미노산의 위치를 반복적으로 조정하여 가장 자연스러운 상태로 이동시킨다.

알파폴드가 단백질 구조를 규명하는 기술의 핵심은 딥러닝 아키텍처이다. 이는 자연어 처리에 사용되는 트랜스포머와 유사한 순환 신경망(RNN)의 한 형태이다. 이 네트워크는 아미노산 서열을 반복적으로 처리하여 아미노산 쌍 사이의 거리와 각도를 예측한다. 딥러닝 모델이 쌍별 거리와 각도를 예측한 후에는 이러한 예측을 사용하여 단백질의 3D 모델을 구축한다.

딥마인드는 단백질 데이터 은행(PDB) 등 방대한 실험용 단백질 데이터로 알파폴드를 훈련시켰다. 이를 통해 신약 개발에 보다 진전을 이룰 것이다. 알파폴드가 단백질 폴딩 예측에서 상당한 도약을 이루었지만, 여전히 해결해야 할 과제가 산더미 같다.

알파폴드는 아미노산 서열을 기반으로 단백질의 3D 구조를 예측한다.

단백질의 구성 요소인 아미노산은 선형 사슬이다. 이 선형 사슬은 특정 3차원 모양으로 접히는데, 이는 단백질의 기능에 매우 중요한 역할을 한다. 이 3차원 형태를 갖추는 과정을 단백질 접힘, 즉 폴딩이라고 하며, 아미노산 서열로부터 이 3차원 구조를 예측하는 것은 수십 년 동안 분자 생물학에서 중요한 도전 과제였다. 알파폴드는 이 분야에서 획기적인 기여를 해왔다.

단백질의 아미노산 서열은 DNA의 뉴클레오티드 서열에 의해 결정된다. DNA는 메신저 RNA mRNA로 전사된다. mRNA는 리보솜으로 이동하여 mRNA 서열을 읽고 이를 아미노산 사슬로 번역하여 단백질을 형성한다.[7] 이 번역 과정은 유전 암호를 따른다.

다시 설명하면, DNA(디옥시리보핵산)는 유기체의 유전 정보를 담고 있다. DNA의 뉴클레오티드 염기서열(A, T, C, G, 아데닌, 티민, 시토신, 구아닌)은 단백질을 만들기 위한 지침을 암호화한다. DNA에 담

---

7 RNA는 mRNA, tRNA, rRNA의 세 가지 형태로 존재한다. mRNA메신저 RNA는 1000개의 뉴클레오타이드로 구성된 단일 가닥 RNA다. DNA에서 단백질 합성 부위인 리보솜으로 유전 암호를 운반한다. rRNA는 크고 복잡한 이중 나선 구조로, 단백질 합성이 시작되는 동안 리보솜에 부착된다. tRNA는 80개의 뉴클레오타이드로 구성된 작은 분자로, 세포질에서 단백질 합성 부위인 리보솜까지 아미노산을 운반한다.

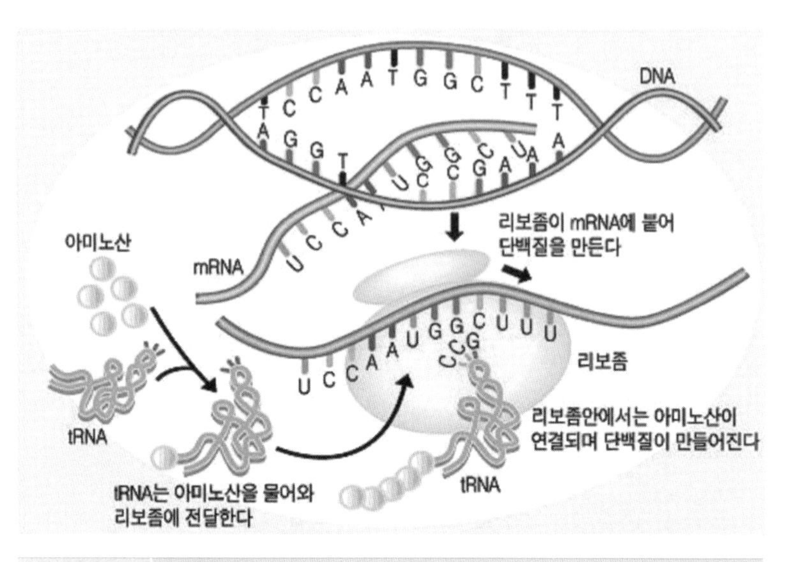

유전자 (gene)	부모에서 자식으로 물려지는 특징, 즉 형질을 만들어 내는 인자로서 유전 정보의 단위, 그 실체는 생물 세포의 염색체를 구성하는 DNA가 배열된 방식
게놈 (genome)	유전체. 한 개체의 유전자의 총 염기서열이며, 한 생물종의 거의 완전한 유전 정보의 총합. 유전체는 보통 DNA에 저장되어 있으며 일부 바이러스에는 RNA에 저장됨.
유전 (heredity)	부모가 가지고 있는 특성이 자식에게 전해지는 현상. '게놈이 포함된 정보'가 전달되는 것, 부모를 표본으로 부모가 가지고 있는 여러가지 성질이 자녀에게 전달되는 일
염색체 (chromosome)	세포분열 시 핵 속에 나타나는 굵은 실타래나 막대모양의 구조물로 유전물질을 담고 있음. 세포분열의 전기 때 핵 속의 염색사가 응축되어 염색체를 형성
염색체지도 (chromosome map)	어느 염색체의 어느 위치에 어떤 유전자가 들어있는 가를 나타낸 것. 염색체에 있는 유전자의 위치를 나타낸 그림으로 감수분열에서 염색체의 재조립의 변도로부터 염색체 상의 유전자의 상대적 위치를 정하여 만들어진 것.

출처 = 위키백과

겨진 암호, 즉 유전자는 RNA(mRNA 리보핵산)로 전사된다. RNA는 단백질을 조립하는 템플릿 역할을 한다. 즉 RNA의 뉴클레오티드 염기 서열은 단백질의 아미노산 서열을 결정한다.

RNA에 있는 3개의 뉴클레오티드 염기 그룹(코돈)은 각각 특정 아미노산에 해당한다. 코돈과 아미노산 사이의 이러한 관계를 유전자 코드라고 한다. 유전자 암호가 그것이다.

이를테면 인간 헤모글로빈의 유전자 DNA에는 헤모글로빈 단백질을 만들기 위한 지침이 포함되어 있다. 이 DNA는 mRNA로 전사되고 리보솜에서 번역되어 특정 아미노산 서열을 가진 헤모글로빈 단백질을 생성하는 식이다.

2003년에 완료된 인간 게놈 프로젝트가 이것이다. 인간 DNA의 전체 염기 서열을 밝혀 뉴클레오티드 염기쌍의 완전한 세트를 밝혀냈다. 이 기념비적인 프로젝트로 인해 많은 인간 질병의 유전적 기초가 풀이되는 토대를 마련했으며 개인 맞춤형 의학의 발전으로 이어졌다. 알파폴드는 아미노산 서열로부터 단백질 구조를 예측하는 혁신적인 도구로 부상했다.

연구 예시를 들어본다.

DNA 돌연변이와 단백질의 관계를 보여주는 대표적인 예는 겸상 적혈구 빈혈의 경우이다. 이 질병은 헤모글로빈의 구성 성분인 베타글로빈 사슬에 대한 유전자 DNA의 돌연변이로 발생한다. 이 돌연변이는 베타글로빈 사슬의 여섯 번째 위치에서 아미노산 글루탐산이 발린으로 바뀌는 결과를 초래한다. 이 아미노산 서열의 작은 변화로 인해 헤모글로빈 분자가 응집되어 저산소 조건에서 적혈구가 변형된다.

DNA 서열의 변화는 단백질의 아미노산 서열의 변화로 이어져 단백질의 구조와 기능에 영향을 미칠 수 있다. DNA 서열의 작은 변화만으로도 단백질 구조와 기능에 큰 변화를 가져올 수 있다. 이런 서열 변화를 돌연변이라고도 한다.

다시 말해 돌연변이는 혈관을 막고 다양한 질병을 유발한다. 이

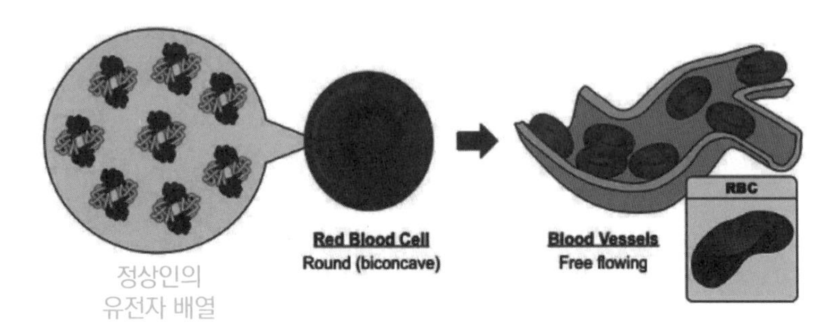

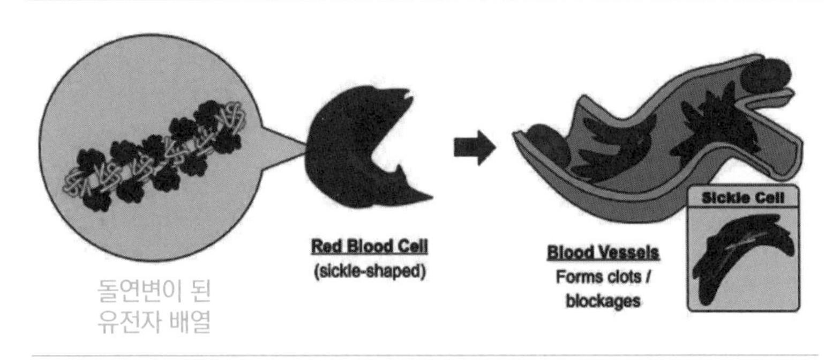

겸상 적혈구 질환자는 낫 모양의 적혈구(아래 그림)가 산소를 많이 운반하지 못하기 때문에 신체 조직에 산소를 덜 전달한다. 이 세포는 혈류를 방해하여 고통스러운 '혈관 질환'을 초래할 수 있다.
이 질환은 가장 흔한 유전 질환이다. 대략 0.1% 의 발병률을 보인다. 한국내에서도 매년 수백명의 영아가 겸상 적혈구 빈혈을 가지고 태어난다고 알려져 있다. 전 세계적으로 2천만 명 이상이 앓고 있다.

런 구조를 이해하면, DNA 돌연변이를 예측해 질병을 사전에 막을 방법을 찾을 것이다. 알파폴드의 활약에 기대하는 이유이다. 이러한 관계를 이해하는 것이 얼마나 중요한지 알파폴드 성과로 인해 입증된다.

DNA에는 단백질을 만들기 위한 지침(암호)이 포함되어 있다. 이러한 지침은 아미노산 서열로 변환되고, 이 서열은 복잡한 3D 구조로 폴딩한다. AI는 아미노산 서열로부터 이러한 3D 구조를 예측하는 것이다. 아미노산 서열이 주어지면 해당 아미노산이 단백질의 3차 구조인 3차원 공간에서 어떻게 폴딩하고 상호 작용하는지 인공지능이 분석하는 것이다. 이 것이 바로 난치병 치료의 토

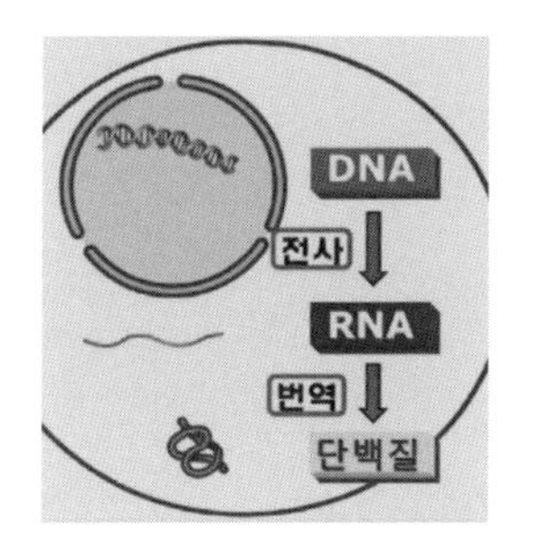

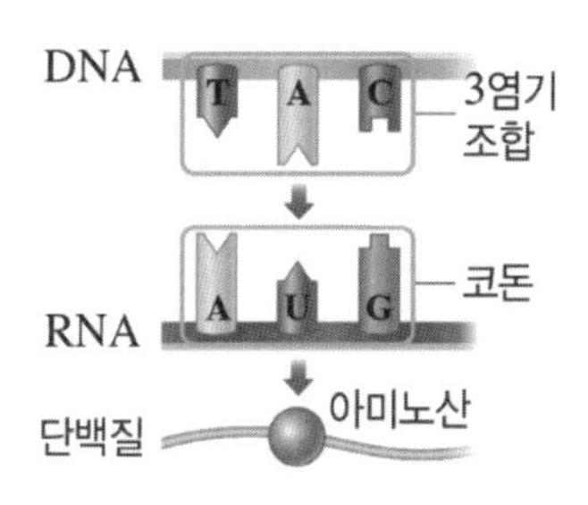

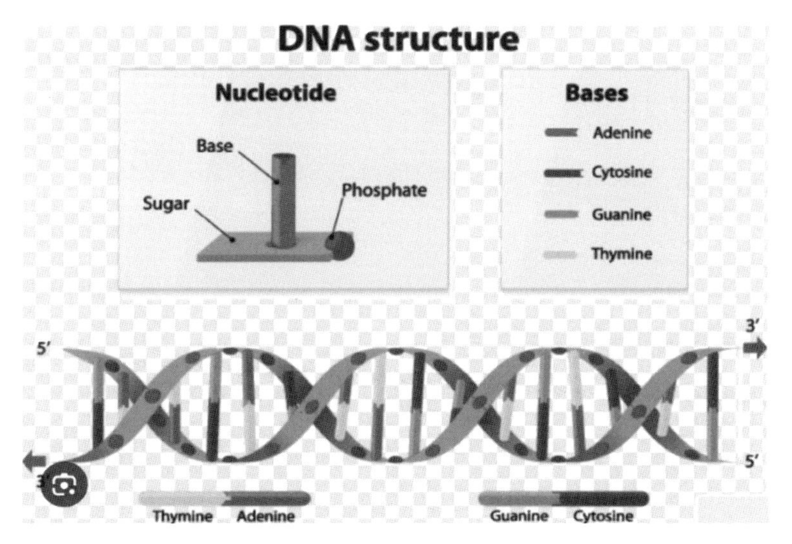

DNA는 1953년 제임스 왓슨과 프랜시스 크릭이 발견한 이중 나선 구조이다.
DNA는 뉴클레오타이드로 이루어져 있다. 뉴클레오타이드는 아데닌A, 시토신C, G구아닌, 티민T으로 구성된다. DNA의 이중 가닥은 서로 감겨 나선형 계단을 형성한다.

대가 될 수 있다.

오픈AI에 대한 투자를 통해 인공지능 개발을 선도하고 있는 빌 게이츠는 '빌&멜린다 게이츠 재단' 등을 통해 글로벌 보건 이니셔티브를 지원하고 있음을 밝혔다. 이 재단은 수많은 보건 프로젝트에 자금을 지원하고 지원했다. 그 중 일부는 이미 다양한 목적으로 AI를 활용하고 있다. AI는 방대한 데이터 세트를 빠르게 처리하고, 인간이 놓친 패턴을 식별하며, 단백질 폴딩, 약물 상호 작용, 특정 생물학적 경로 표적화와 같은 복잡한 문제에 대한 솔루션을 구축해내고 있다.

그는 자신의 블로그인 GatesNotes를 통해 농업에서 의료에 이르는 다양한 분야에서 AI의 가능성과 도전 과제에 대해 설명했다. 재단은 신약 개발, 질병 모델링, 역학 연구와 같은 분야에 투자를 확대, 전 세계인이 자유롭게 이용할 생각을 갖고 있다.

탄소 고정 단백질 발명의 가능성

앞에서 아미노산 서열이 어떻게 폴딩하는지, 다른 분자와 어떻게 상호 작용하여 새로운 단백질이나 효소를 설계하고 모델링하는데 AI가 톡톡한 역할을 한다는 내용을 살펴보았다.

현재 알려진 바로는 일부 유기체는 자연적으로 CO_2를 다른 화합물로 전환하는 효소를 가지고 있다. 예를 들어, 식물이 광합성 과정에서 탄소를 흡수해 고정하는 캘빈 사이클의 핵심 효소가 있다. 리불로스-1,5-비스포스페이트 카르복실라제/산화효소

RuBisCO가 그것이다. AI를 통해 이런 천연 효소의 메커니즘을 파악한다면, 새로운 효소를 최적화하거나 설계할 수 있다. CO_2를 흡수 고정하는데 쓰이는 효소를 만드는 것과 효소가 응용 분야에 작동하는지를 규명하는 것은 또 다른 과제이다.

조건은 새 단백질은 원하는 조건, 즉 대기 중 CO_2 농도에서 과도한 에너지 투입 없이 효율적으로 작동할 수 있어야 한다. 아울러 장기적으로 안정적이고 효율적으로 유지되어야 한다.

알파폴드와 같은 AI 도구는 아미노산 서열을 기반으로 단백질의 구조를 파악하면, 기능을 이해하고 설계할 수 있다. CO_2를 포함한 특정 기질과 결합하거나 반응을 촉매하도록 단백질 구조를 최적화하는 데 도움될 수 있다.

효소를 설계하는 것은 솔루션의 일부이다. 효소를 대량 생산하고 대기 중 또는 산업 각 분야에서 발생하는 CO_2를 포집, 처리하는 문제는 다른 문제이다. 새로운 단백질이나 유기체가 의도하지 않은 생태학적 결과를 초래하지 않도록 사전에 철저한 테스트도 병행해야 한다.

치매 조기 발견에서 AI 활용

치매, 특히 알츠하이머 병증의 초기 징후 중 하나는 언어 능력의 미묘한 변화이다. 구절을 반복하거나, 비정상적인 단어 선택을 하는 등의 어려움이 우선 나타난다. 언어에 대한 기존의 임상 진단은 상당한 시간과 돈이 소요된다. 신경심리학자와 직접 대면하는 경우가 많기 때문이다. 그러면 AI 기술을 적용하면 어떻게 될까.

스마트폰이나 스마트홈 디바이스에 축적된 데이터를 통한 자가 진단법을 소개해 본다. 누구나 전화통화 시 스스로 일정 기간 동안 음성을 녹음한다. AI 알고리즘, 특히 딥러닝 모델은 이러한 오디오 샘플을 분석한다. AI는 방대한 데이터 세트를 학습해 놓았기에 치매와 관련된 언어 패턴을 인식할 수 있다.

AI가 추출해놓은 종래 치매 환자들의 특징은 다음과 같다.

단어 사이의 머뭇거림 또는 긴 멈춤, 어휘 다양성 감소, 특정 단어나 구의 빈번한 반복, 문장의 복잡성 감소, 운율(말의 리듬, 강세, 억양)의 변화, 발음의 부정확성 등이다. 이를 AI는 자신의 음성 패턴과 비교, 초기 치매 또는 징후를 감지할 수 있다.

자가 진단은 무엇보다도 지속적인 모니터링이 중요하다. 주기적으로 의사에게 가야 하는 임상 평가에 의존하는 대신, 지속적인 모니터링을 통해 스스로 진행 상황에 대해 보다 세분화된 데이터를 접할 수 있다. AI 알고리즘은 비교적 객관성을 갖는다. 이는 초기 징후를 간과하지 않도록 보장하는 것이다. 음성 기능의 저하는 피로나 스트레스 등에 의해서도 초래할 수 있기에 스스로 본인의 상태를 전체적으로 파악하는 것이 필수적이다.

충분히 큰 데이터 세트를 사용하면 나이와 관련된 정상적인 언어 변화와 치매를 나타내는 언어 변화를 구분하도록 AI 모델을 학습시킬 수 있다. 정확성을 보장하려면 다양한 데이터 세트로 AI 모델을 훈련시키는 것이 중요하다.

정상적 노화와 조기 치매를 구분하는 법

사실 통상적으로 70~80대에 이르러 치매 초기 증상을 스스로 자각하기란 쉽지 않다. 정상적인 노화와 초기 치매를 구분하는 것은 둘 다 인지 기능 저하를 수반할 수 있기 때문에 구별하기 쉽지 않다. 다만, 치매로 인한 인지 기능 저하는 일반적으로 더 심하고 훨씬 빠른 속도로 진행된다는 점이다.

사람의 노화 진행은 저마다 다르다. 따라서 AI를 통해 다양한 소스(의료 영상, 유전자 데이터, 인지 테스트)의 데이터를 통합하여 분석되어야 보다 확실한 진단을 할 수 있을 것이다. 앞에서 몇 번 언급했지만, AI는 대량의 데이터를 분석하고 사람이 인지할 수 없거나 미묘한 패턴을 인식하는데 능하다. 이를 통해 각 개인에 대한 보다 포괄적인 프로필을 생성할 수 있다.

AI는 특히 개인별로 치매에 걸릴 위험도를 평가할 수 있다. 아직은 초기 단계에 있지만, 몇 년 내 상용화가 가능할 것이다. 유전자, 라이프스타일, 생체 인식 데이터를 결합하여 개인에게 치매에 걸릴 위험도를 알려주는 맞춤형 평가를 제공한다. 이를 통해 조기 치료나 생활 습관 변화, 즉 라이프스타일에 변화를 줘서 치매 예방과 적기의 치료가 가능할 것이다.

조간만 의료, 건강 관련 기업들은 스마트폰이나 스마트 홈 기기에 AI 기반 애플리케이션을 설치해 사용자의 인지 건강을 스스로 모니터링하는 시대를 열고 있다. 아직 해결해야 할 과제가 남아 있지만, 정상 노화와 치매의 조기 발견 및 감별에 혁신을 일으킬 AI의 잠재력은 무궁무진하다 할 수 있다.

실제 임상 현장에서 통해 인공지능이 어떻게 구분할 수 있는지 몇 가지 예시를 들어본다.

첫째, 신경 영상 분석이다.

치매에 노출되는 연령층에 이르면, 정기적으로 뇌 MRI 스캔을 받는다. 수 년에 걸쳐 모든 사람의 뇌는 전체적인 부피가 약간 감소하는 등 노화의 징후를 보인다. 그러나, AI 알고리즘을 사용하면 기억과 관련된 영역인 해마와 같은 특정 영역이 더 빠르게 축소되는 것을 볼 수 있다. 이러한 위축 패턴은 일반적인 치매 유형인 초기 알츠하이머병과 일치한다.

AI는 수천 건의 MRI 스캔을 분석하여 시간이 지남에 따라 전문의가 놓칠 수 있는 뇌의 미묘한 구조적 변화를 감지하고 정량화할 수 있다. 그런 다음 표준 데이터베이스와 비교하여 노화의 전형적인 변화인지 아니면 치매를 암시하는 변화인지 확인이 가능하다.

둘째, 인지 테스트이다. 이는 기억력, 주의력, 실행 기능을 포함한 여러 영역을 평가한다.

정상적인 노화에서도 미세한 변동이 발생하지만, AI는 기억력과 같은 특정 영역의 감소가 나이와 교육 수준에 비해 예상보다 가파른지 감지할 수 있다.

AI는 수많은 사람의 인지 테스트 결과를 분석하여 표준 데이터를 구축한다. 그런 다음 주어진 연령과 교육 수준에서 '정상적인' 감퇴가 무엇인지 판별해낸다. 이 표준에서 벗어난 개인의 경우, 초기 치매일 수 있다.

인지 기능을 측정하기 위해 간이 정신 상태 검사 MMSE 또는 '몬트리올 인지평가' MoCA와 같은 전통적인 인지 테스트가 자주 사용된다.

이를테면 75세 노인이 테스트에서 평균보다 약간 낮은 점수를 받을 수 있다. 이것만으로는 판별하는데 부족하다. 그러나, 수 천 건의 테스트 결과를 분석한 AI는 오류 패턴(목록에서 단어를 지속적으로 잊어버리는 것)이 자주 나타나는 환자를 식별할 수 있다.

셋째, 음성 분석이다. 가정에서 일상적으로 나누는 대화를 몇

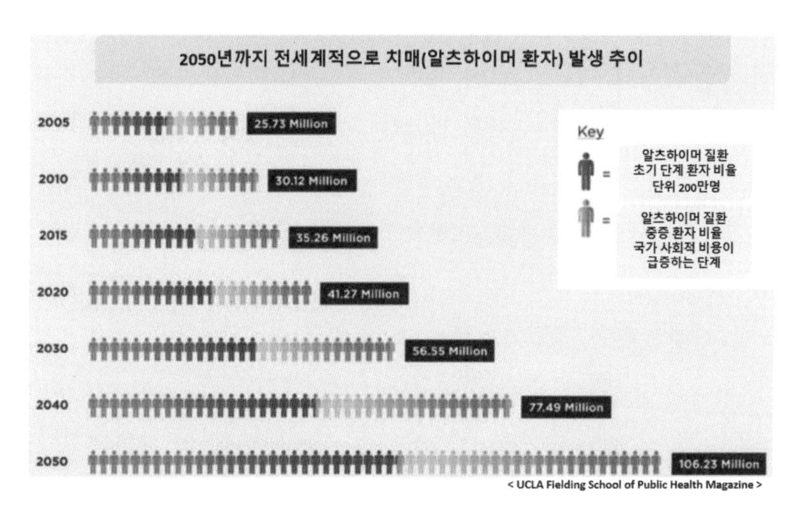

< UCLA Fielding School of Public Health Magazine >

미국 UCLA 공중보건대학 생물통계학과 론 브룩마이어 교수는 최근 정교한 컴퓨터 모델을 사용하여 2060년 9천800만 명이 알츠하이머 질환에 시달릴 것으로 예상했다.
전 세계 대부분의 국가에서도 마찬가지 수준이라고 했다. 2050년엔 1억6백만명 이상이 이 질환에 걸릴 것으로 예측한다.
그는 알츠하이머 진단을 받는 비율이 5년마다 두 배씩 증가한다는 사실을 발견했다. 이러한 예상 증가는 가족 구성원의 정서적 부담과 함께 질병을 앓고 있는 환자를 돌보는 데 드는 비용을 고려할 때 엄청난 사회적 공중 보건 비용의 발생을 초래한다는 것이다. 따라서 초기 진단이 무엇보다 중요하다고 강조한다.

달에 걸쳐 녹음한다. 누구나 가끔 단어를 잊어버리거나 생각의 흐름을 잃을 수 있지만, AI 알고리즘은 이 환자가 이전보다 자주 말을 멈추고, 문장을 반복하며, 비특정 용어를 더 많이 사용하는 것을 감지한다.

AI는 음성 데이터를 분석하여 시간에 따른 음성 패턴, 단어 사용, 일관성의 미묘한 변화를 감지한다. 이를 통해 사용자의 인지 건강 상태와 치매 초기 징후에 대한 정보를 얻을 수 있다.

넷째, 웨어러블 기술이다. 요사이 일상 활동과 수면 패턴을 추적하는 스마트워치를 착용하는 것이 일반화 되어 있다. AI는 환자의 활동량이 줄어들고 수면 패턴이 흐트러지며 낮 동안 활동하지 않는 시간이 늘어나는 것을 감지한다. AI는 웨어러블의 데이터를 분석하여 이러한 변화를 감지하고 일반적인 노화 관련 변화와 치매의 초기 징후를 구분해낸다.

다섯째, 전자 건강 기록부이다. 본인이 지난 10년간 환자의 의료 기록을 분석해보니 기억력 문제, 물건 분실, 재정 관리의 어려움과 관련된 불만이 점차 증가하는 것으로 나타났다. 건망증은 정상적인 노화의 일부일 수 있지만, 이러한 사항의 빈도와 특성을 AI로 분석하면 초기 치매 증상을 알아낼 수 있다.

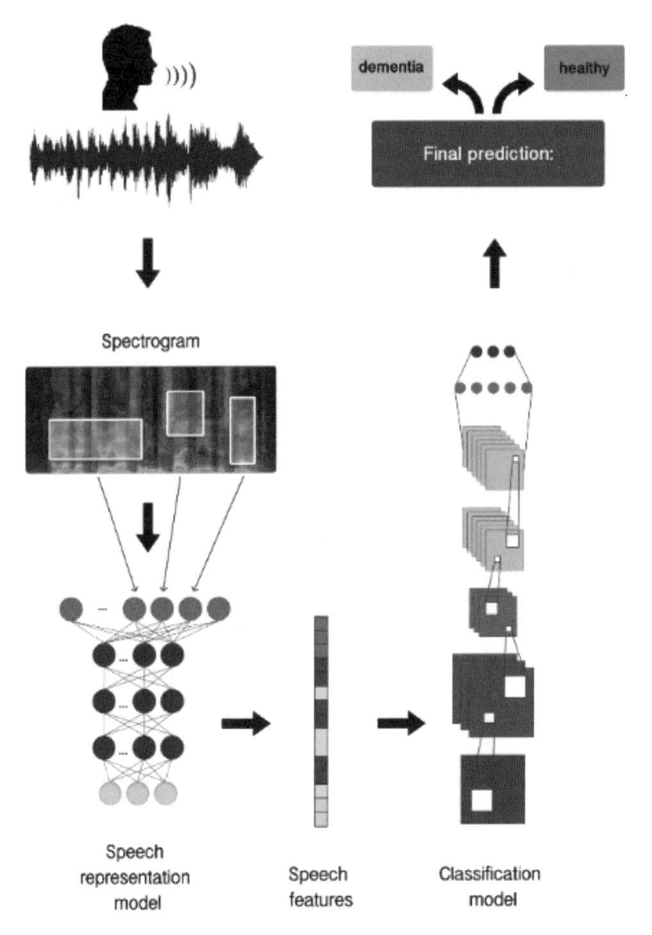

정상과 치매 상태를 음성으로 분류하는 기술을 나타낸 그림이다.
오디오 음성을 텍스트로 변환한다. 일단 텍스트를 추출하면 오디오 녹음 분석에 AI 알고리즘을 적용하면 정확한 상태를 생성할 수 있습니다.
음성 분류 작업을 위한 AI 훈련은 오디오 처리 지식뿐만 아니라 데이터 과학전문 지식이 필요한 복잡한 작업이다. 이러한 시스템은 병원 등 의료 기관에서 구현하여 의사의 치매 검진 및 보다 정확한 진단을 지원할 수 있다. 조만간 오디오 기록을 실시간으로 처리할 수 있는 자가 진단 소프트웨어가 출시될 것이다.

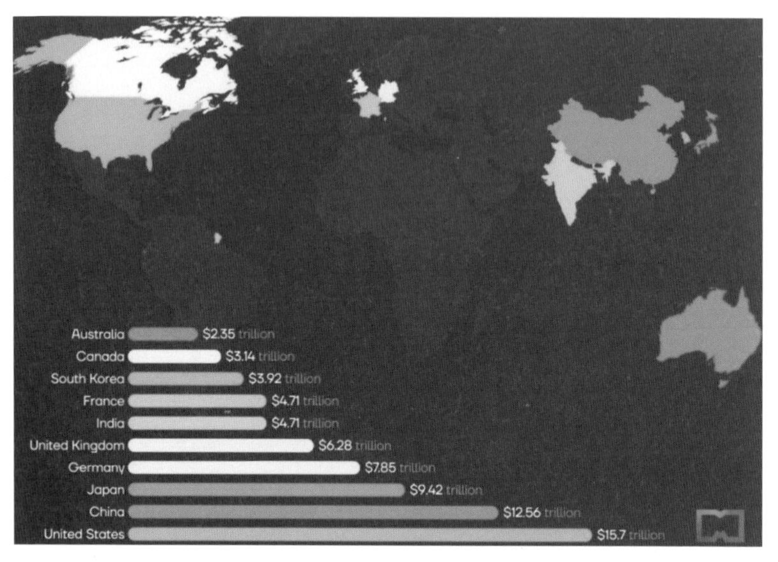

PwC가 전망한 2030년 인공지능 주도 10개국과 예상 가치

1위 미국 = 구글, 마이크로소프트, 아마존, 페이스북, IBM 등 빅테크 기업 기업 15조 7천억 달러 창출

2위 중국 = 바이두, 알리바바, 텐센트 등 빅테크 기업, GDP를 26% 예상, 스마트 도시화, 금융, 자율차, 헬스케어

3위 일본 = 도요타, 후지쯔, NEC, 히타치, 미쓰비시 등 250개 이상 기업, 로봇, 엔지니어링, 정밀도, 자동화 중시

4위 영국 = 롤스로이스, HSBC, 바클레이즈, 브리티시 텔레콤, 액센츄어 등 600개 스타트업 인큐베이팅

5위 캐나다 = 몬트리올, 토론토, 에드먼턴, 밴쿠버의 세계적 AI 허브 구축 의료, 천연자원, 소매업, 금융서비스 두각

6위 독일 = 엔지니어링, 자동차, 화학, 제조, 전자 등에 두각 2,000억 달러 창출

7위 프랑스 = 르노, 에어버스, 아토스, 수에즈, 토탈 등 금융, 의료, 에너지 분야 AI 애플리케이션 구축

8위 이스라엘 = AI 전문 기업 1,000개 이상 혁신 연구, 사이버 보안, 농업, 금융, 자율차, 강력한 R&D 요새 구축

9위 한국 = 삼성, 현대, SK텔레콤, 금융, 보안, 공공 서비스, 스마트 시티 구축

10위 싱가포르 = 동남아시아 AI 개발 선두 핀테크, 통신, 물류, 운송에 특화, Microsoft, Grab, Alibaba의 전력거점

3

금융과 AI

3

금융과 AI

이 글은 빌 게이츠의 직접적인 구상은 아니다. 다만 본인과 빌이 페북과 이메일 및 각종 매체의 기고문, 칼럼 등을 통해 얻은 힌트를 중심으로 빌의 생각과 나의 생각이 일치하는 부분을 글로 옮긴 것이다. 인공지능 기술 발전과 더불어 첨단 기술이 주는 혜택을 평등하게 하자는 그의 구상을 엿볼 수 있다는 점에서 한국 청년들에게 유용한 대목이라 볼 수 있다. 빌 역시 AI 기반의 금융 접근성을 높여 청년층이 중산층으로 성장하도록 바란다는 이상은 나의 이상과도 일치한다.

인공지능은 금융 분야에 대단한 혁신을 일으킬 것이다. 숫자로 모든 것이 이뤄지는 금융 분야의 속성상 역시 0과 1로 계산하는 인공지능의 속성과 궁합이 잘 맞을 것이다. AI는 현재 고객 서비스부터 금융 사기 예방 및 감시에 이르기까지 폭넓게 적용되고 있다. 금융 분야에 종사하고자 하는 젊은이는 물론, 재테크에 관심 있

인공지능(AI)은 주식시장 트레이딩 영역에서 판도를 바꾸는 기술로 부상하고 있다. 의사결정, 시장분석, 위험관리, 트레이딩 전략에 대한 접근이 혁신적으로 바뀌고 있다.

는 사람에게도 앞으로 인공지능의 숙지는 필수 코스가 될 것이다.

주가 예측은 회사원들에게 항상 관심사이다. 대-중소기업 직원을 막론하고 주식에 투자하지 않은 사람은 없을 것이다. 회사에 출근해 맨먼저 확인하는 것은 그날의 주가 또는 선물, 원자재 가격, 세계경제 동향일 것이다. 인공지능은 이같은 방대한 자료를 분석해 주가를 분석하고 의사 결정을 하도록 어드바이스 할 것이다. 인공지능이 향후 금융 시장에서 담당할 분야에 대해 몇 가지로 정리한다.

주가 예측과 트레이딩 : AI는 방대한 데이터 세트를 빠르게 분석, 즉 머신러닝 모델을 학습한 다음, 주가를 예측하고 실시간 거래를 조언할 수 있다. 가격 변화를 예측, 순간적으로 거래를 체결하며, 방대한 양의 시장 데이터를 분석하여 의사결정을 한다.

신용 평가 : 전통적인 신용 평가 방식은 한계가 있다. AI는 개인의 온라인 행동과 같은 비전통적인 데이터를 분석하여 신용도를 결정하기에 더 정밀하고 개인화된 점수를 제공한다.

소셜 미디어 활동이나 거래 내역과 같은 비전통적인 데이터 소스를 분석한다.

사기 탐지 : 머신러닝 모델은 사기와 관련된 패턴을 인식하도록 훈련되었다. 거래를 실시간으로 모니터링하여 비정상적으로 보이는 모든 것을 짚어낸다. '맥킨지앤컴퍼니' 보고서는 머신러닝 모델이 오탐지 비율(사기 거래를 놓치거나 오인하는 비율)를 최대 50%까지 감소시켰다고 보고했다.

위험 관리 : AI는 다양한 투자의 위험 수준을 평가하고 잠재적 손실을 완화하는 전략을 제안할 수 있다. 기존 모델이 간과할 수 있는 데이터 포인트를 분석하여 대출이나 투자의 위험을 보다 정밀 평가하는 데 도움된다. Accenture에 따르면 은행권 리스크 관리자의 77%는 향후 몇 년 내에 AI 기반 감시망을 통해, 실시간으로 리스크 판단 프로세스를 보다 효율적으로 할 수 있을 것이다.

개인 재무 관리 : AI 기반 챗봇과 AI 비서가 예산, 투자, 은퇴 계획에 대한 조언을 제공하여 사용자의 재무 관리를 돕는다.

영업 및 마케팅 최적화 : AI는 고객 데이터를 분석하여 어떤 고객이 어떤 제품을 구매할 가능성이 높은지 예측하여 마케팅 전략을 최적화 한다.

운영 자동화 : 로보틱 프로세스 자동화 RPA는 데이터 추출 및 처리와 같은 반복적인 작업을 처리하여 운영 비용을 절감한다.

JP모건 체이스는 머신러닝 시스템인 COIN을 도입하여 법률 문서를 처리하고 관련 데이터를 추출하는데 드는 수천 시간을 절약했다.

뱅크 오브 아메리카는 고객에게 금융 관련 조언을 제공하는 음성 인식 가상 금융도우미 '에리카'를 출시했다.

American Express는 머신러닝 알고리즘을 사용하여 1분당 8백만 건 이상의 거래를 분석하여 사기를 식별하고 예방한다.

Kabbage, ZestFinance, Underwrite.ai와 같은 핀테크 스타트업은 AI를 사용하여 대출 자격을 평가하며, 종종 비 전통적인 메트릭을 사용한다.

세계경제포럼 World Economic Forum과 맥킨지 앤 컴퍼니 McKinsey & Company는 AI 기반 기술을 적용, 은행 부문에서만 수십억 달러의 비용 절감과 추가 수익 창출을 기대하고 있다.

AI 금융의 출발점은 데이터 수집

최근 금융 기법의 추세는 다양한 소스(정보 자원)에서 데이터를 수집해 AI로 분석하는 데서 출발한다. 모든 개인 거래 내역은 소비

금융 서비스에서 인공지능의 역할

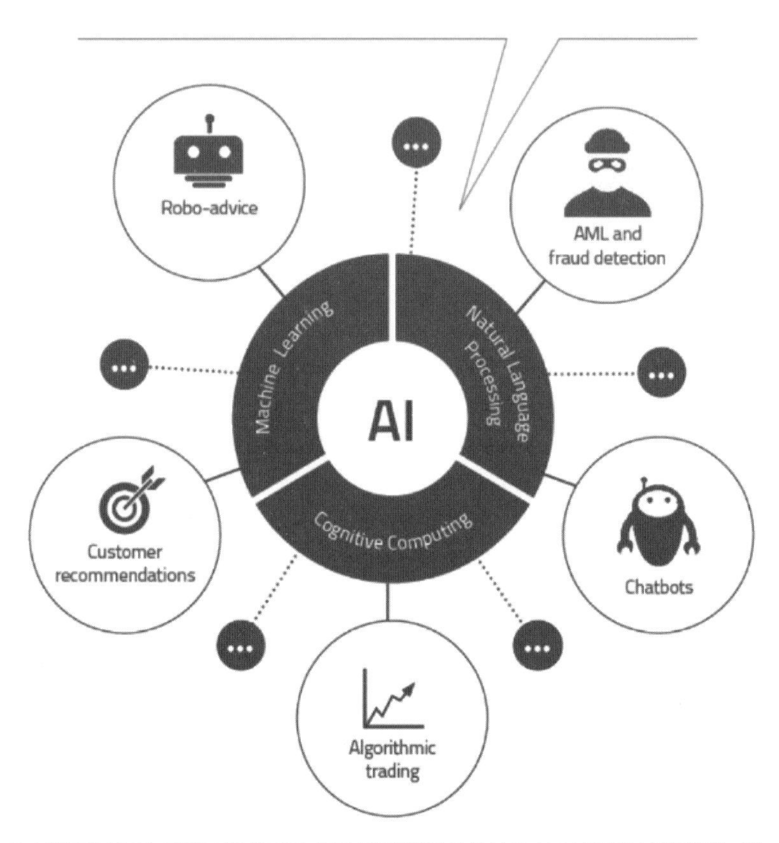

머신 러닝(ML), 자연어 처리(NLP), 인지 컴퓨팅(CC)의 구성 요소를 사용하여 금융권에는 여러 가지 AI 애플리케이션이 있다.

사기 탐지 : AI는 사기 행위가 발생하는 동안 사기 행위를 식별하고 의심스러운 행동의 다음 패턴이 무엇인지 식별할 수 있다. 위치 데이터가 이 프로세스를 지원한다.

고객 경험 개선: AI는 심층적이고 실행 가능한 인사이트, 즉 고객 행동 패턴을 도출하여 신속한 의사결정을 내릴 수 있다.

고객 참여도 향상: AI는 음성, 개인 재무 관리를 통해 맞춤형 지능형 상품과 서비스를 개발할 수 있다.

습관, 수입 및 재정 상태 관련 정보를 제공한다. 특히 AI는 개인의 디지털 발자국, 즉 소셜 미디어 활동을 분석하여 라이프스타일, 안정성, 신뢰도에 대한 정보를 제공한다. 브라우저 기록, 앱 사용, 디바이스 정보, 지리적 위치 데이터 등도 포함된다. 그런 다음 AI 기법을 통한 분석이 필수적이다.

수집된 모든 데이터가 관련 있거나 AI에 입력할만한 형식은 아니다. 데이터 과학자와 데이터 정제 전문가는 AI를 통해 이러한 데이터를 처리하여 구조화하고, 오류나 불일치가 없는지 확인해야 한다.

AI는 과거 데이터를 사용하여 특징과 개인 신용 간의 상관 관계를 학습하도록 훈련된다. 기본적으로 AI는 과거 데이터 뭉치를 학습하여 미래의 행동을 예측한다. 학습이 완료되면 AI 모델은 고객의 데이터를 실시간 분석한다. 신규 고객의 경우 이미 학습한 패턴과 비교하여 신용 점수 또는 위험 평가를 산출한다. 기존 신용 조사는 시간이 오래 걸리는 반면, AI 모델은 실시간 분석 결과를 제공하기에 시간과 노력이 절약된다.

특히 AI 알고리즘은 최대 20,000개의 데이터 포인트를 분석하여 개인의 재무 행동에 대해 포괄적인 시각과 정보를 제공한다. 기존 신용 평가와는 비교할 수 없을 정도로 폭넓고 깊다.

그러나, 제대로 학습되지 않은 AI 모델, 즉 과거 데이터가 부족할 경우, 기존의 편견을 지속시키거나 심지어 악화시켜 부당한 신용 거부를 초래할 수 있다. 따라서 AI의 예측은 지속적으로 검증하고 필요에 따라 조정하는 것이 중요하다.

순환 신경망의 활용도

머신러닝에 탑재된 순환 신경망 Recurrent Neural Network, RNN이 현재 금융시장을 예측하는데 널리 활용되고 있다. 이미 제1장 교육 분야에서 설명한 RNN 작동원리와 유사하다.

RNN은 메모리를 갖고 일련의 패턴을 인식하도록 설계된 알고리즘의 한 종류다. 예를 들어, 내일의 날씨를 예측한다고 가정하자. 보다 적중률을 높이기 위해 오늘, 어제, 며칠 전의 날씨까지 검토한다. 필요할 경우, 수 년 또는 수 십년간 데이터를 학습한다. 날씨가 매일 점점 추워지고 있다면 내일은 더 추울 것이라고 추측할 수 있다.

보통 우리는 책을 읽는다. 스토리를 이해하기 위해서는 각 단어나 문장을 따로따로 고려하는 것이 아니라, 앞의 내용을 기억하여 문맥을 이해해야 한다. RNN은 이런 작업을 데이터로 수행한다. 이 도구는 주가를 포함한 모든 종류의 데이터에 대한 일기 예보와 같은 역할을 한다. 간단히 말해, 과거에 어떤 일이 일어났는지 보여줌으로써 컴퓨터에게 주식 시장의 점쟁이가 되도록 가르치는 것과 같다.

오늘의 주가는 전 날의 주가와 밀접한 관련이 있는 경우가 많다. 따라서 미래 주가(또는 시간에 따라 움직이는 모든 금융 지표)를 예측할 때 당연히 그 이전 움직임을 고려한다. 주식 시장을 영화라고 상상해 보자. 영화의 한 프레임만 보고 있다면 다음에 무슨 일이 일어날지 짐작하기 어렵지만, 이전 프레임을 기억한다면 훨씬 더 잘 추측할 수 있다.

주가와 같은 금융 시장 데이터는 시간순으로 나열된 데이터, 즉 시계열이다.

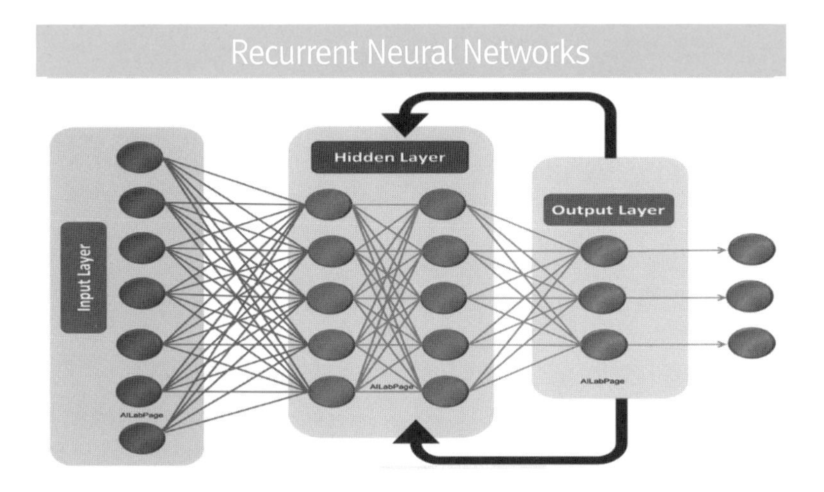

금융 AI 머신러닝에서 RNN이 중요한 이유는 무엇인가?

연일 기록되는 금융 데이터는 본질적으로 시계열, 즉 순차적이다. 오늘날의 주가는 어제 또는 더 먼 과거의 가격과 밀접한 관련이 있다(폭발 사고 등 돌발 사고는 예외로 하지만, 통상적 개념에서 그렇다). 시계열 데이터를 분석하는 RNN은 과거 데이터를 기반으로 미래 주가를 예측한다. 즉 RNN은 시간이 지남에 따라 중요한 특징과 그 상호 작용을 자동 학습하여 데이터 뭉치에 숨겨진 메시지를 발견한다.

금융 시장은 무수히 많은 요인에 의해 영향을 받으며, 시간이 지남에 따라 패턴이 나타나는 경우가 대부분이다. RNN은 이러한 패턴을 식별하고 학습하여 향후 시장 움직임을 예측하는 것이다.

금융 시장은 역동적이다. 주식 시장의 급락이나 급등 같은 새로운 흐름이 입력되면 RNN은 최신 정보를 반영하도록 메모리를 조정하고 업데이트할 수 있다. 종합하면, RNN은 순차적으로 데이터를 분석한 다음, 일정 패턴을 인식하며, 미래를 예측을 할 수 있다.

금융 지표 예측에 관한 이론

주가 예측과 트레이딩 의사 결정에서 AI 머신러닝을 사용하는 것은 현재 뜨거운 주제이다.

먼저 '트위터 분위기가 주식 시장을 예측한다' Twitter mood predicts the stock market Bollen, J., Mao, H., & Zeng, X. 2011는 연구 결과를 소개한다.

이 논문은 트위터 분위기와 주식 시장 간의 관계를 조사했다. 트위터 분위기와 주식 시장의 상관관계를 탐구한 보고서로, 주가 예측에 빅데이터를 적용한 사례이다. 보고서에 따르면 트위터의 특정 분위기에 근거해 다우존스 산업평균지수 DJIA의 일일 등락을 알 수 있다.

요한 볼렌, 후이나 마오, 샤오준 쩡이 공동 작성한 이 논문은 트위터 데이터에서 도출된 감정과 주식 시장 움직임 사이의 상관 관계를 처음 입증한 논문이다.

기본 개념은 이렇다. 트위터와 같은 SNS에는 다양한 주제에 대한 사람들의 감정, 생각, 느낌을 표현하는 수백만 개의 트윗으로 매일 떠들썩하다. 저자들은 트위터 게시물(트윗)에 반영된 대중의 감정이나 분위기가 주식 시장 움직임에 대해 어느 정도 예측력을 가질 수 있다는 가설을 세웠다. 2008년부터 트윗 사용자 270만명으로부터 980만 건 이상 트윗을 수집, 트위터 사용자의 일일 기분을 파악했다. 트윗의 긍정적/부정적 감정을 제공하는 OpinionFinder라는 도구를 사용했다. 또한 평온, 경계, 확신, 활기, 친절, 행복과 같은 차원으로 기분을 측정하는 Google-Profile of Mood States GPOMS도 사용했다. 그런 다음 트위터에서 도출된 감정 데이터를 다우존스 산업평균지수의 일일 종가와 비교하여 패턴을 파악했다.

분석 결과 GPOMS의 특정 기분이 DJIA 종가와 상관관계가 지대함을 발견했다. 더 흥미로운 사실은 트위터의 분위기가 3~4일 후 87.6%의 정확도로 주식 시장의 움직임을 예측한다는 사실이다. 이 보고서가 발표된 이후, 금융 시장을 예측하기 위해 수많은 감정 분석 도구가 개발되었다.

거듭 설명하면, 트위터에서 사람들의 집단적인 '느낌' 또는 분위기를 통해 며칠 후 주식 시장에 어떤 일이 일어날지 예측할 수 있다. 연구진은 수백만 건의 트윗을 연구한 결과 놀랍게도 연관성이 있다는 사실을 발견했다. 트위터 사용자들은 '차분하다'고 느낄 때 주식 시장은 며칠 후 상승하는 경향이 있었다고 말했다.

둘째, '딥러닝을 이용한 금융 시장 예측' Chong, E., Han, C., & Park, F. C 제목의 논문이다. 2017년 발표한 이 연구 논문은 주가를 예측하기 위해 순환신경망의 일종인 LSTM Long Short-Term Memory(장단기 기억)을 적용했다.

가령 날씨를 예측하고 싶다면 어떻게 해야 할까. 오늘의 기온만 보는 것이 아니라 지난 며칠 또는 몇 주간, 몇 년간의 기온 변화를 고려해야 한다. 주가 역시 오늘의 이벤트에 따라 변하는 것이 아니라 일련의 과거 이벤트의 영향을 받는다. 여기에는 LSTM이 적합하다.

연구진은 LSTM 모델에 수많은 과거 주식 시장 데이터를 입력했다. 예를 들어, 과거에 특정 이벤트 이후 주가가 올랐다면 LSTM은 이 패턴을 학습한다. LSTM은 주가의 장기적인 패턴을 포착하고 기억하는 데 능숙하다. 주식 시장에는 패턴을 따르지 않는 '노이즈' 또는 무작위적인 움직임이 많다. LSTM은 이러한 노이즈 중 일부를 걸러내어 기본 추세에 집중했다. 그러나 LSTM은 가능성을 보여주었지만 한계도 보였다.

1977년 처음 소개된 LSTM은 순환신경망 RNN의 한 유형이다. RNN은 스스로 반복하는 연결을 가지고 있어 이전 입력한 내용을 기억한다.

현재 많은 헤지펀드와 트레이딩 회사에서 LSTM을 포함한 머신러닝 모델을 사용해 주가를 예측하고 있다. 그러나, 금융시장은 지정학적 사건, 급격한 경제 변화, 기업 뉴스 등 예측할 수 없는 외부 요인의 영향을 많이 받는다. 주식 예측에 딥러닝을 사용할 때 흔히 발생하는 문제 중 하나는 과적합이다. 모델이 과거 데이터에서는 매우 잘 작동하지만 아직 드러나지 않은 새로운 데이터에는 적응하지 못하는 것을 가리킨다.

셋째, '스택형 오토인코더와 장단기 메모리를 사용하는 일련의 금융정보를 위한 '딥러닝 프레임워크' Sezer, O. B., & Ozbayoglu, A.

M. 제목의 보고서이다. 2018년 발표된 이 연구는 오토인코더와 LSTM을 결합하여 주가를 예측한다. 세저와 오즈바요글루가 공동 작성한 이 보고서는 하이브리드 방식으로 주가 예측에 사용된다. 주가 흐름을 예측할 때 가장 큰 어려움은 각종 데이터의 복잡한 관계와 패턴을 포착하는 일이다. 이를 분석하는데 널리 사용되는 두 가지 딥러닝 기법은 오토인코더와 LSTM이다. 이 연구는 두 가지의 강점을 결합한 예측 모델을 생성한다.

먼저 오토인코더인데, 스택 오토인코더(여러 층의 오토인코더)는 주가, 환율 등 금융 데이터의 필수적 특징을 학습한다. 이 단계에서는 잡음, 즉 노이즈를 줄이고 데이터의 핵심 패턴을 포착하여, LSTM 네트워크에 공급한다. 그런 다음 LSTM은 이 데이터를 사용하여 미래 주가를 예측한다.

금융 데이터에는 노이즈가 많다. 오토인코더는 노이즈를 줄여가면서 기본 패턴을 포착하는 방식으로 데이터를 나타낸다. 스택형 오토인코더는 훨씬 더 복잡한 데이터를 학습할 수 있다.

LSTM(장단기 메모리 네트워크)는 과거 일련의 데이터을 읽고 패턴을 기억하도록 하는 순환신경망 RNN의 일종이다. 이 연구는 하이브리드 유형인데, 스택형 오토인코더와 LSTM을 결합하여 2단계 예측 모델을 만드는 것을 목표로 한다.

쉽게 설명하자면, 낡고 긁힌 CD로 노래를 들으려고 한다. 음악은 있지만 노이즈가 많고 건너뛰는 부분이 많다. 오토인코더란 스크래치가 있는 노래를 듣고 주요 멜로디와 악기를 캡처하여 노이즈를 없앤 깨끗한 버전으로 재생한다. 이렇게 깔끔한 버전이 만들어지면 LSTM은 지금까지 연주된 내용을 바탕으로 다음 음이나 가

사를 만들어(예측) 내는 음악가와 같은 역할이다.

주요 헤지펀드

르네상스 테크놀로지스 Renaissance Technologies - 거래에 대한 정량적 접근 방식으로 유명한 주요 헤지펀드이다. 르네상스 테크놀로지는 고급 수학과 컴퓨터를 사용하여 주식, 원자재 및 기타 자산을 매수 또는 매도할 시기를 결정한다. 수학자이자 전직 코드 브레이커였던 제임스 사이먼스 James Simons가 설립했다. 메달리온 펀드 Medallion Fund는 르네상스 테크놀로지의 스타 펀드이다. 이

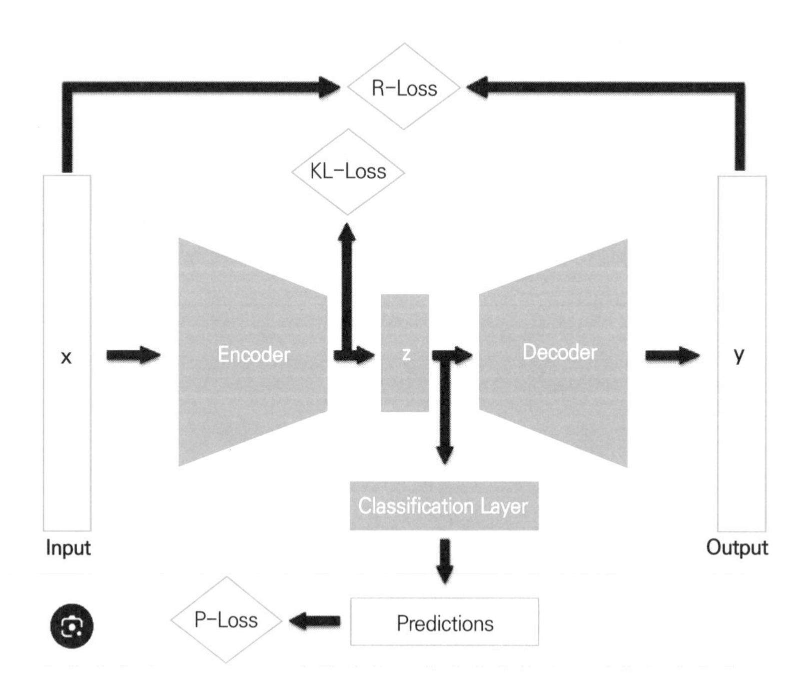

펀드는 놀라운 성과와 높은 수익률로 유명하다. 이 펀드가 사용하는 구체적인 전략과 알고리즘은 일급 비밀이지만 복잡한 수학적 모델, 데이터 분석, 인공 지능을 사용하는 것으로 알려져 있다.

르네상스는 금융 전문가만 고용하는 것이 아니라 물리학자, 통계학자, 기타 과학자들도 채용하여 회사의 정량적이고 과학적 접근 방식을 선호한다.

이 펀드에 관한 책이 그레고리 주커먼이 쓴 '시장을 해결한 남자 'The Man Who Solved the Market' by Gregory Zuckerman이다. 제임스 사이먼스와 세계적 헤지펀드인 르네상스 테크놀로지의 세계를 엿볼 수 있는 보기 드문 책이다. 펀드의 공격 전략은 공개하지 않지만, 회사의 역사, 문화, 그리고 그들이 사용하는 광범위한 접근 방식에 대한 통찰력을 제공한다.

이 책 주요 내용을 보면, 사이먼스와 그의 팀은 물리학이나 생물학의 자연 현상과 마찬가지로 금융 시장도 과학적, 수학적 방법을 사용하여 분석하고 예측한다. 르네상스의 성공은 금융 업계에 큰 족적을 남겼다. 현재 많은 헤지펀드와 투자회사가 르네상스의 성공에서 영감을 받아 퀀트 방식을 채택하고 있다.[8]

---

8 퀀트 기법이란 수학적, 통계적 기법을 사용하여 금융 시장과 상품을 모델링, 분석, 해석하는 것을 말한다. 정량적 분석 또는 '퀀트'는 전통적인 재무 분석이나 주관적인 판단에만 의존하는 대신 데이터, 알고리즘 및 모델을 사용하여 의사를 결정한다. 1.데이터 수집 및 처리 : 데이터는 가격 및 거래량부터 경제 지표, 소셜 미디어 정서, 위성 이미지에 이르기까지 다양하다. 빅데이터가 폭발적으로 증가하면서 정량적 방법의 활용가 더욱 증대되었다. 2.통계 분석 : 정량적 분석은 통계적 기법을 사용하여

간단히 말해 최고의 과학자 그룹이 자신의 지식을 과학 프로젝트가 아닌 주식 시장 움직임을 예측하는 데 사용하는 유형이다. '시장을 해결한 남자'라는 책은 제임스 사이먼스와 그의 헤지펀드에 대한 전기와도 같다. 예측할 수 없는 금융 세계에 수학과 과학을 어떻게 적용할 수 있는지에 대한 이야기이다.

그러면 왜 정량적 방법으로 전환해야 하는가. 금융 분야에서 정량적 기법으로 전환하는 이유는 몇 가지 요인에 기인한다. 첫째, 기술 발전이다. 컴퓨팅 성능과 데이터 저장 능력의 향상으로 방대한 데이터 세트를 빠르고 효율적으로 분석하는 것이 가능해졌다. 둘째, 시장 효율성 증가에 있다. 시장의 효율성이 높아짐에 따라 펀더멘털 분석과 같은 전통적인 방법으로는 동일한 수익을 얻지

데이터의 패턴, 상관관계, 이상 징후를 식별하는 것. 단순한 회귀 분석부터 시계열 분석이나 머신러닝 알고리즘 등이 포함된다. 3.모델링 : 퀀트는 분석을 바탕으로 미래의 가격 변동을 예측하고, 위험을 평가하거나, 포트폴리오를 최적화하기 위한 수학적 모델을 개발한다. 이는 지속 개선되고 새로운 데이터는 테스트된다. 4.알고리즘 트레이딩 : 알고리즘은 특정 조건이 충족되면 자동으로 거래를 체결하는 일련의 규칙이다. 고빈도 트레이딩(HFT)은 알고리즘 트레이딩의 하위 집합으로 매우 빠른 속도로 많은 주문을 체결한다. 5.리스크 관리 : 퀀트는 리스크 관리에서도 중추적인 역할을 한다. 퀀트는 포트폴리오의 리스크를 측정하는 모델을 개발하고, 불리한 시나리오에서 발생할 수 있는 예상 손실을 파악하고 리스크 완화 전략을 고안한다. 6.파생상품 가격 : 옵션이나 스왑과 같은 복잡한 파생상품의 세계에서 정량적 기법이 필수적이다. 옵션 가격 책정을 위한 블랙-숄즈 모델은 주목할 만한 정량적 모델이다.

못하는 시대에 도달했다. 반면 정량적 방법은 시장의 미묘한 패턴이나 기회를 파악할 수 있다. 셋째, 투명성 및 재현성 : 정량적 전략은 주관적인 판단이 아닌 수학적 모델과 알고리즘을 기반으로 하기 때문에 투명하고 재현성이 높다. 르네상스 테크놀로지스의 성공은 많은 사람들이 정량적 영역을 탐구하도록 영감을 주었다.

정량적 방법은 많은 이점을 제공하지만 리스크도 따른다. AI 알고리즘 결함, 또는 예상치 못한 시장 이벤트(이를테면 2007~2008년 금융 위기를 예측 못함)에 지나치게 의존한다는 점이다. 따라서 모든 투자 전략과 마찬가지로 양적, 질적 요소를 모두 고려하는 균형 잡힌 접근 이 중요하다.

제임스 사이먼스는 냉전 시대 수학과 교수이자 암호 해독가였다. 사이먼스는 1982년 르네상스 테크놀로지스를 설립, 기존 금융 애널리스트에 의존하지 않고 주로 과학자, 수학자 등 월스트리트 출신이 아닌 사람들로 팀을 구성했다. 이들은 방대한 양의 데이터를 활용하여 시장의 패턴을 감지하는 알고리즘을 개발했다. 이들의 접근 방식은 순전히 데이터 기반이었기 때문에 당시로서는 혁신적이었다.

초기 그들의 모델은 완벽하지 않았고 여러 번의 수정을 거쳤다. 사이먼스는 과학적 방법과 금융시장의 성공적인 결합을 강조한다. 정량적 분석이 어떻게 시장 움직임을 예측하고 활용하는 데 강력한 도구가 될 수 있는지 강조한다.

과학자들은 주사위 굴림을 예측하려고 한다. 이들은 단순히 추측하는 대신 주사위를 던진 모든 주사위, 테이블 표면, 방 안의 공

수학적 과학적 모델을 주가예측 기법에 도입해 명성을 날린 제임스 사이먼이 그림을 그리며 설명하고 있다. WSJ TV 캡쳐

기, 주사위를 던지는 손 등을 연구한다. 이 모든 데이터를 분석하여 주사위를 예측한다.

'대체 데이터의 책-투자자, 트레이더, 리스크 관리자를 위한 가이드(알렉산더 데네프, 사이드 아멘, 2020)' 'The Book of Alternative Data: A Guide for Investors, Traders and Risk Managers", Alexander Denev, Saeed Amen의 저서이다.

대체 데이터란 헤지펀드 등에서 주가 예측을 위해 사용하는데, 기존 데이터가 아닌 여타 사회적 데이터를 이른다. 지리적 위치(풋 트래픽), 신용카드 거래, 전자 메일 수신, 웹 사이트 사용, 모바일 앱 또는 앱 스토어 분석, 크라우드소싱, 불분명한 시청 기록 등 다양한 사회적 활동(디지털 발자국)에서 나오는 데이터를 말한다. 이에 반해 기존 데이터란 일반적으로 재무제표, 경제 지표, 가격 기록 등이다.

대체 데이터의 매력은 기존 데이터 소스에서 얻을 수 없는 정보를 제공한다는 점이다.

예를 들어, 위성 이미지를 분석해 소매점의 주차장이 가득 차는 속도를 파악하다면, 헤지펀드가 판매 실적을 조기에 파악할 수 있다. SNS를 모니터링하면 제품이나 회사에 대한 대중의 인식을 실시간 파악할 수 있다. 이는 트레이딩에게 매우 유용한 정보이다.

소셜 미디어 정서를 이해하는 것이다. 투자자는 트윗, 게시물, 댓글을 분석하면, 특정 주식 또는 시장 전반에 대한 대중의 감정을 측정할 수 있다. 신용카드 거래 내역을 보면 소비자의 소비 습관 및 트렌드를 알 수 있다.

아울러 웹 트래픽 및 앱 사용에 관한 것이다. 기업의 웹사이트 방문 횟수나 앱 사용량을 모니터링하면, 해당 기업의 인기와 향후 잠재적 매출에 대한 지표를 알 수 있다.

지리적 위치 데이터도 있다. 가령 스마트폰의 데이터는 소매점이나 기타 관심 장소로의 유동인구를 보여준다.

특히 이 책은 금융 전문가가 대체 데이터의 힘을 어떻게 활용하는지 그 방법을 가르쳐준다. 먼저 데이터 소스 및 수집을 다룬다. 대체 데이터의 출처와 수집 방법, 데이터 제공업체에 대한 이해, 대체 데이터를 수집하고 처리하는 데 따르는 어려움 등을 설명한다.

또 데이터 분석법을 소개한다. 통계적 방법, 머신러닝, AI 등 대체 데이터를 분석하는 기법이다. 대체 데이터가 거래 또는 투자 우위를 확보하는 데 어떻게 사용되었는지 예시해준다.

아울러 기존 모델과의 통합, 즉 대체 데이터에서 얻은 인사이트를 기존의 재무 모델링 및 예측 기법과 병합하는 방법을 소개한다. 아울러 사회적 데이터는 실시간으로 피드백을 제공할 수 있는 반면, 기존 데이터 소스는 시간 걸리는 작업이다.

그러나, 이런 장점에도 데이터의 양이 너무 방대하여 분석에 정교한 도구와 기술이 필요하다. 주요 금융 분석 플랫폼의 블로그에는 금융에서의 데이터 사용에 관한 최신 기법과 인사이트에 관한 콘텐츠가 자주 게시된다.

다음은 몇 가지 주목할 만한 재무 분석 플랫폼과 블로그를 소개하고 기대할만 한 내용을 소개한다.

퀀토피아 Quantopian : 사용자가 트레이딩 알고리즘을 개발, 테스트 및 사용할 수 있는 도구를 제공하는 플랫폼이다. 퀀트 금융, 알고리즘 개발, 백테스팅, 커뮤니티 기여 연구을 다룬다.

콴들 Quandl : 투자 및 트레이딩 전략에 사용할 수 있는 금융, 경제 및 대체 데이터를 위한 마켓플레이스이다. Quandl 블로그의 게시물은 주로 데이터 기반 투자 전략, 데이터 분석 기법, 대체 데이터의 동향을 소개한다.

리스크넷Risk.net : 리스크 관리, 파생상품, 복잡한 금융상품을 다룬다. 금융 규제, 시장 위험, 새로운 계산 방법, 퀀트 금융 연구 등을 소개한다.

알파센스 AlphaSense : AI를 사용하여 실적 발표 자료, 뉴스, 연구 보고서와 같은 금융 문서를 스캔, 분석한다. 블로그에서는 시장 동향, 금융 분야의 AI, 플랫폼의 데이터 분석에서 얻은 정보를 다룬다.

팩트셋 FactSet : 투자 전문가를 위한 통합 금융 데이터 및 소프트웨어 솔루션을 제공한다. 블로그에서 시장 분석, 금융 데이터 과학, 포트폴리오 관리 전략에 대한 정보를 제공한다.

S&P 글로벌 시장 정보 : 기관 투자자, 투자 고문, 자산 관리자에게 다중 자산 클래스 데이터, 리서치, 분석을 제공하는 기업이다.

리피니티브 Refinitiv : Thomson Reuters Financial & Risk로 알려진 리피니티브는 금융 데이터와 인프라를 제공한다. 블로그에서는 시장 동향, 금융에서 데이터의 역할, 금융 기술의 혁신에

The World's Top Investors

Investor, Key Fund/Vehicle	Period	Average Annual Returns After Fees
Jim Simons, Medallion	1988-2018	39%
George Soros, Quantum	1969-2000	32%
Steven Cohen, SAC	1992-2003	30%
Peter Lynch, Magellan	1977-1990	29%
Warren Buffett, Berkshire Hathaway	1965-2018	21%
Ray Dalio, Pure Alpha	1991-2018	12%

미국 경제전문 월스트리트저널이 2020년 공개한 자료에 따르면 짐 사이먼이 연간 투자수익률에서 1위를 기록했다.

대한 정보를 제공한다. 재무 분석 영역의 최신 기술, 과제 및 동향에 대한 최신 정보를 얻는다.

암호화폐 거래에도 인공지능과 머신러닝이 활용되고 있다. 사용자가 머신러닝 모델을 기반으로 암호화폐 트레이딩 전략을 수립, 백테스트, 실행할 수 있는 스타트업과 플랫폼이 속속 출시되고 있다.

선물 시장에서 부각되는 AI 능력

곡물, 광물, 귀금속과 같은 원자재 선물 예측은 지정학적 사건, 수급 균형, 글로벌 경제 지표, 기상 패턴 등 수많은 요인으로 인해 복잡한 작업이다. AI는 대량의 데이터를 처리하고 패턴을 인식할 수 있는 능력을 발휘하고 있다.

먼저 시계열 예측 모델로서 ARIMA(자동 회귀 통합 이동 평균)가 유명하다. 강력한 시계열 예측 도구로서, 계절성, 공휴일 및 기타 돌발 사건이 발생하는 데이터에 특히 유용하다.

밀과 옥수수의 실제 선물 장면을 사용하여 ARIMA 모델의 적용을 설명해본다. 밀과 옥수수는 전 세계 선물 시장에서 가장 많이 거래되는 두 가지 농산물이다. 선물 시장에서는 구매자와 판매자가 모여 밀이나 옥수수와 같은 특정 상품의 미래 날짜(보통 향후 3월, 6월)에 인도될 가격에 합의한다. 향후 나타날 정보에 입각한 결정을 내리기 위해서는 미래 가격 결정 과정을 이해하는 것이 필수적이다.

밀과 옥수수 가격에는 계절, 전 세계 생산량, 기상 이변, 수요 변화, 지정학적 사건 등 다양한 요인에 따라 가격이 형성된다. 이러한 가격은 시간이 지남에 따라 변화하고 일정한 간격으로 기록되기 때문에 시계열, 즉 시간 순에 따른 데이터를 생성한다. ARIMA는 이러한 시간 순 데이터를 캡처하고 예측하도록 설계되었다.

ARIMA는 먼저 밀과 옥수수 가격에 대한 과거 데이터를 수집한다. 수십 년 동안 밀과 옥수수의 가격은 일별, 주별, 월별 등 일정한 간격으로 기록되어 왔다. 그 결과 이러한 상품이 시간이 지남

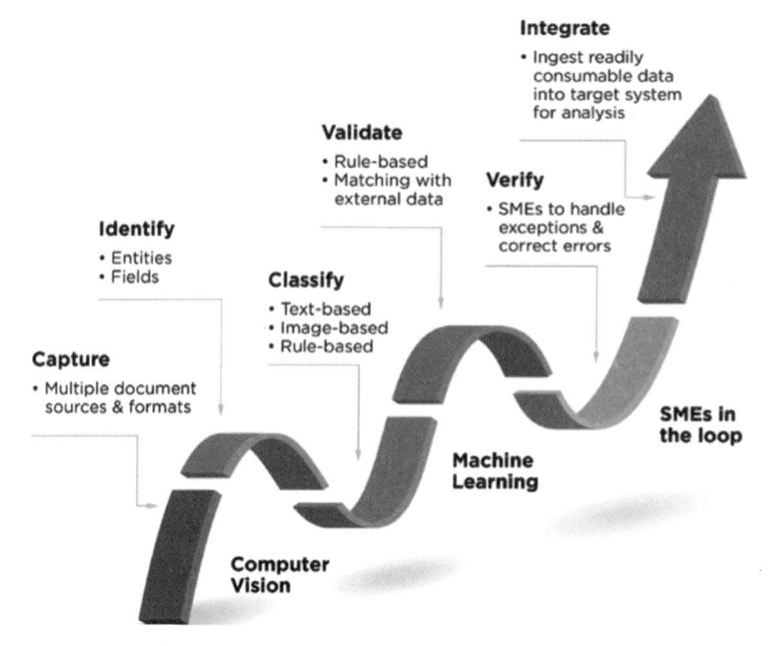

인공지능과 머신러닝(ML) 기술은 철광석, 구리, 곡물 등 원자재 공급 기업들에게 데이터 추출을 자동화하고 데이터를 보강 및 변환하여 실행 가능한 정보를 제공한다. 이에 따라 비용이 많이 드는 수작업 프로세스 줄일 수 있다. 자동화규모, 처리 시간 측면에서 원자재 기업들은 원가에서 경쟁력을 갖게 된다. 그래픽 출처 = Straive

에 따라 어떻게 변동했는지 보여주는 풍부한 과거 가격 데이터 세트가 구축되어 있다. 이런 수십년에 걸친 평균 가격을 산출해 시각화하면 일정 패턴이 나타난다. 등락할 시 사건이나 계절적 요인이 내재되어 있다.

과거 데이터가 입력되면 ARIMA 모델은 밀과 옥수수 가격의 패턴을 학습한다. 학습이 완료되면 ARIMA 모델은 과거 패턴을 기반으로 시간순대로 밀과 옥수수의 미래 가격을 예측한다. 생산업자인 농부는 이를 토대로 농산물 출하 시기를 정하고, 선물 트레이더는 선물 시장에서 매수 또는 매도 결정을 내린다.

밀이나 옥수수와 같은 원자재 가격은 시간이 지남에 따라 상승하거나 하락하는 등의 추세를 보일 수 있다. ARIMA는 과거 패턴을 바탕으로 실제 가격을 예측하는 대신 가격이 얼마나 상승하거나 하락할지 예측한다. 이동 평균 MA도 주요 구성 요소이다. 이전 예측에서 실제 가격과 예측 가격 간의 잔여 오차를 고려하여 조정한다. 예를 들어, 모델이 밀 가격을 지속적으로 과소평가하는 경우 MA 구성 요소를 사용하여 미래 예측을 수정한다.

다음 시즌을 계획하는 밀 농부를 상상해보자. ARIMA 모델이 내년 밀 가격은 하락 추세이지만 옥수수 가격은 상승 추세를 보일 것으로 예측한다고 가정하자. 농부는 더 많은 토지를 옥수수에 할당하고 밀에는 덜 할당하기로 결정할 수 있다. 마찬가지로 밀 거래 상인이나 베이커리 체인점도 이러한 예측을 사용하여 지금 계약을 체결하거나 가격 하락을 기다리는 등 정보를 획득할 수 있다.

ARIMA는 강력하지만 한계도 있다. 예를 들어, 상품 가격에 큰 영향을 미칠 수 있는 예기치 못한 기상 이변이나 예상치 못한 지정학적 사건 등 갑작스러운 충격을 처리하지 못할 수 있다. 따라서 탄탄한 기초 정보를 제공하지만 다른 기법이나 전문가의 판단과 함께 사용되어야 한다. 요약하면, ARIMA를 사용하면 밀과 옥수수 가격의 과거 변동과 패턴을 이해하고, 더 많은 정보에 입각한 결정을 할 수 있다.

이처럼 ARIMA(자동 회귀 통합 이동 평균)를 비롯, 예언자 Facebook, 홀트 윈터스 지수 평활법 Holt-Winters Exponential Smoothing 등의 모델이 선물 가격 예측에 사용되고 있다.

이러한 모델의 공통적인 작동 방식은 이렇다. 대부분 일정 간격으로 수집된 데이터 포인트의 연속인 시간 순서별 데이터를 분석해 일정한 흐름 즉, 패턴을 추출한 다음, 이 패턴을 대입시켜 미래 일정 시기를 예측한다.

여기에는 순환 신경망 RNN 및 장단기 메모리 LSTM 방식이 적용된다. LSTM은 장기간에 걸쳐 패턴을 기억할 수 있으므로 시계열 데이터에 이상적인 모델이다.

자연어 처리 NLP 작동 방식도 주목된다. 뉴스 기사나 소셜 미디어 게시물 등 텍스트 데이터를 분석하여 정보를 생산한다. 영향을 미칠 뉴스 기사나 트윗을 토대로 시장 심리를 평가한다. 예를 들어, 산유국 지역의 지정학적 불안에 대한 뉴스는 유가 상승 예측으로 이어질 수 있다.

AI 알고리즘은 강력한 도구이기는 하지만, 과거 데이터를 기반으로 하며, 예기치 못한 사건에는 적응하지 못할 수 있다. 항상 시장 변동성이 발생할 수 있다는 말이다.

실제 시장 상황을 예로 들어 구체적으로 설명해본다.

지난 10년 동안 옥수수 가격은 일반적으로 상승하지만, 매월 변동이 비교적 심한 편이다. ARIMA 모델을 사용하여 이러한 변동을 분석하고 다음 달 가격을 예측한다. 그러나, 아리마는 미세 조정해야 한다. 가격이 갑자기 급등하거나 급락하는 경우 적절한 조정이 없으면 ARIMA가 이를 정확하게 예측하지 못할 수 있기 때문이다.

예언자 Prophet은 중간에 가격 데이터가 누락된 경우에 적합하다. 지난 10년간의 옥수수 가격을 입력하고 연간 수확 시기와 농업 이벤트 날짜를 Prophet에 알려주면, Prophet은 이러한 패턴을 고려하여, 다음 시즌 가격을 예측하는 데 사용한다. 옥수수 가격에 영향을 미치는 향후 이벤트를 알고 있는 경우 이를 Prophet에 추가하면 예측에 반영된다.

옥수수 가격 변화에서 명확한 단일 반복 패턴을 발견했다면 Holt-Winters가 최선의 선택이 될 수 있다. 옥수수 농장의 경우, 연간 가격 주기만 고려하고 싶다면 홀트-윈터스로 충분하다. 그러나, 옥수수 가격에 여러 패턴이 있거나 기후 변화 등 특별한 이벤트가 영향을 미친다면

Prophet 알고리즘이 보다 효과적이라는 평이다. 즉 이벤트와 불규칙한 패턴을 고려한 보다 포괄적인 예측을 원한다면 Prophet이 이상적이다. 옥수수 가격의 과거 패턴이 복잡하고 통계학자가 모델을 미세 조정하는 경우엔 ARIMA를 선택할 수 있다.

다음으로 페이스북, 즉 메타가 내놓은 Prophet를 통해 시장에서 인공지능이 어떻게 선물 값을 예측하는지 살펴보자. Prophet

은 추세와 선형(또는 S자형)에 토대로 선물 값을 예측한다. 추세란 원자재 가격 관련 시간 순으로 배열된 데이터, 즉 시계열의 궤적이다.

추세는 시계열의 비주기적인 부분으로, 시계열보다 더 넓은 궤적을 보인다. Prophet은 추세의 속도가 변하는 지점을 찾을 수 있다. 이러한 지점을 '변경점'이라고 한다. 이러한 변경 지점을 식별하면, 데이터의 단절 또는 굴곡에 적응할 수 있다. 예를 들어 밀 가격이 몇 년 동안 꾸준히 상승하다가 일부 시장 요인으로 인해 안정된 경우, 이러한 전환점을 변경 포인트로 식별한다.

밀 가격이 여름에는 지속적으로 상승하고 겨울에는 하락한다고 가정해보자. 푸리에 급수는 이 연간 패턴을 식별하여 사인 곡선과 코사인 곡선 세트로 표현한다. Prophet 알고리즘에 시계열에 영향을 줄 수 있는 알려진 이벤트나 공휴일을 입력할 수 있다. 예를 들어, 밀 데이터에 정책 변경 이벤트가 있는 경우, 이 변경 사항을 입력한다. Prophet은 이 날짜를 기준으로 특별 창을 생성하고 잠재적인 이상 징후나 급증을 고려하여 예측을 미세 조정한다.

신용 평가에 도입되는 혁신 기술

대체 평가 자료에 대한 개념

금융 기업의 전통적인 신용 평가 방식은 이제 한계에 직면했다. 개인의 상환 능력, 즉 담보를 판단해 돈을 내어주던 종래 방식으로는 가파르게 변하는 디지털 시대에 대응하지 못하고 있다.

그러나, AI와 머신러닝의 등장으로 종래 금융 행위는 거대 혁신

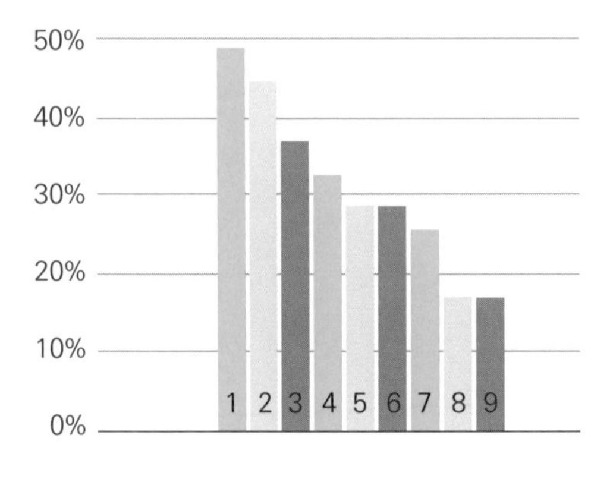

의 기로에 섰다. 개인의 온라인 행동과 같은 비전통적인 데이터를 분석하여 신용도를 결정하는 시대에 있다. 더 정밀하고 개인화된 평가가 가능하다. 다시 말해 소셜 미디어 활동이나 거래 내역 등 개인의 디지털 발자국 등 비전통적 데이터 자료들을 분석해 신용도 평가 기법을 발전시키는 방식이다.

앞서 언급했듯이 이러한 전통적인 방법에는 한계가 있으며, 특히 신용 기록이 제한적이거나 전혀 없는 사람의 경우 더욱 그렇다.

비전통적인 소스는 방대한 데이터를 수반한다. 이에 대량 분석이 가능한 AI와 머신러닝이 중추적인 도구로 떠오르는 시대에 도달하고 있다. 대체 소스에 따른 AI 기반 평가 기법은 이렇다.

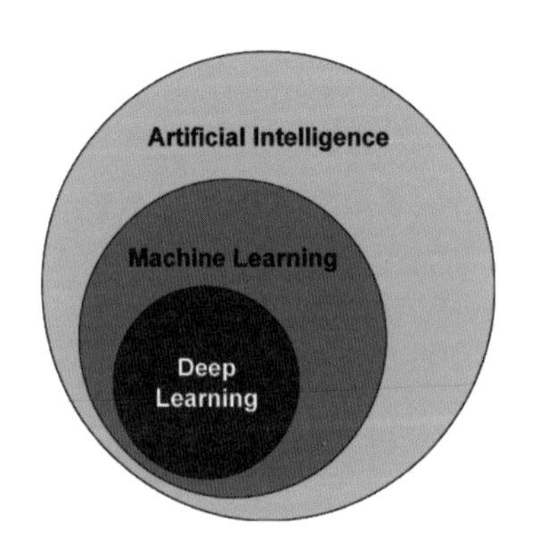

AI 알고리즘은 방문하는 웹사이트 유형, 온라인 쇼핑 습관, 비밀번호 변경 빈도 등 개인의 온라

인 행동을 분석한다. 예를 들어, 잦은 온라인 도박은 위험 징후로 간주된다. 온라인 플랫폼을 통한 정기적인 공과금 납부는 책임감 있는 행동으로 간주된다. 개인의 소셜 미디어 게시물, 인맥, 행동을 조사하면 라이프스타일과 재무 습관에 대한 정보를 얻을 수 있다. 행동 패턴, 여러 플랫폼에 걸쳐 제공되는 정보의 일관성, 연결의 질 등이 모두 데이터 포인트를 제공한다.

모바일 머니 거래나 전자 지갑 등 신용과 관련 없는 거래의 패턴을 분석하면 재무 행위 관련 정보를 얻을 수 있다. 책임있는 금융 행위를 평가하기 위해 고안된 심리측정 테스트가 사용되기도 한다. 일부 앱은 사용자의 동의를 얻어 사용자의 위치 데이터를 얻는다. 예를 들어, 자주 여행하는 사람은 그렇지 않은 사람보다 더 유리한 신용 점수를 얻을 수 있다.

공과금이나 임대료의 정기적이고 일관된 납부는 재정적 책임감을 나타내는 지표로 인정받고 있다.

금융 부문, 특히 신용 평가에 있어 대체 데이터 소스, 빅 데이터, AI의 통합은 양날의 검과 같다. 금융의 민주화로 연결될 기회를 가져다주는 동시에 개인정보 보호, 윤리에 대한 우려를 초래할 수 있다. 하지만, 금융 신용 평가에 대체 데이터와 AI 기술을 통합하는 것은 매우 중요한 혁신의 바람이다. 영향력 있는 소스를 몇 가지로 정리하면 다음과 같다.

머신 러닝과 예측 분석 : 머신 러닝 모델을 사용하여 소셜 미디어 활동, 온라인 구매 등과 같은 비전통적인 데이터를 소스로 해서 개인의 신용도를 예측한다.

자연어 처리 NLP : 뉴스 기사, 재무 보고서, 소셜 미디어의 텍스트를 스캔하고 분석하여 감정과 핵심 문구를 기반으로 기업 및 개인의 신용도를 측정한다.

행동과 심리 분석 : 온라인 대출 신청서를 얼마나 빨리 작성하는지 등 온라인 사용자 행동을 분석하면 대출 불이행 위험을 예측하는 데 활용할 수 있다. 아울러 개인의 성격을 평가하는 퀴즈 또는 테스트를 사용하여 대출 상환과 상관관계를 파악한다.

지리 공간 분석 : 개인의 위치 데이터를 평가하여 자료를 도출한다. 예를 들어, 도박장을 자주 방문하는 것은 교육 기관을 정기적으로 방문하는 것과는 다르게 볼 수 있다.

이어 현재 금융 업계에서 자주 적용하는 도구를 소개한다.

카바지 Kabbage : 이커머스, 뱅킹, 회계 데이터, 소셜 미디어를 사용하여 사업자 대출 결정을 자동화하는 온라인 대출 플랫폼으로 주로 소규모 대출 심사에 적합하다.

Lenddo : 소셜 미디어를 비롯한 비전통적인 신용 평가 데이터를 활용, 신용 기록이 부족한 사람들을 대상으로 금융 서비스를 제공한다.

Tala : 스마트폰 데이터, 즉 문자, 통화, 앱 사용을 분석하여 신용도를 판단하는 모델을 사용한다. 일상생활과 모바일 사용 패턴을 평가하여 특히 개발도상국가 고객의 신용 평가를 돕는 수단이다.

Affirm & Klarna : 실시간 결제 및 온라인 행동 데이터를 활용하여 POS 대출 및 즉석 금융 서비스를 제공하는 플랫폼이다.

업스타트 : 교육, 고용, 기존 신용 점수 등 다양한 요소를 고려한 AI 기반 대출 플랫폼이다. 머신러닝을 사용하여 신용 점수를 책정하고 대출 프로세스를 자동화한 온라인 대출 플랫폼이다.

제스트파이낸스 : 머신러닝을 사용하여 수천 개의 잠재적 신용 변수를 분석한다. 채무 불이행을 최대 40%까지 줄일 수 있다.

크레딧테크 : 최대 20,000개의 데이터 포인트를 사용하여 몇 초 만에 고객 신용 점수를 매긴다. 검색 행동, 위치, 소셜 네트워킹 정보 등을 고려해서 평가한다.

권위와 실력을 인정받는 맥킨지앤컴퍼니 McKinsey & Company가 내놓은 '신용 점수를 위한 딥 러닝' 제목의 보고서는 신용 평가를 재구성하는 데 있어 AI와 딥러닝의 능력을 소개하고, 신경망이 대규모 데이터 세트를 신속하게 처리하는 방법을 소개한다.

세계경제포럼 WEF의 보고서 : WEF는 AI의 잠재력과 함정을 다루며, 특히 편견과 투명성에 관한 책임감 있고 윤리적인 사용에 강조한다.

O'Reilly의 금융의 미래 보고서는 신용 평가 등 금융 분야의 AI

앱에 대해 자세히 살펴보면서 윤리적 우려와 데이터의 익명화 및 보안을 보장하는 방법을 소개한다.

브루킹스 연구소 : 금융 분야에서 빅 데이터 사용을 둘러싼 윤리적 문제와 책임감 있는 관행을 촉구한다.

CGAP : 대체 데이터가 신용 접근성을 확대하는 방법과 데이터의 편향성, 개인정보 노출 등 디지털 금융의 함정에 대해 심층적으로 제기한다.

아울러 AI 모델의 블랙박스 특징은 해결해야할 문제이다. 어떻게 AI가 결정을 내렸는지 의사 결정의 근거가 불투명해질 우려가 있다. 설명 가능성을 보장하고 고객이 자신에 대한 결정이 어떻게 내려지는지 이해할 수 있도록 하는 것은 필수적이다.

KB국민은행	• 'KB-GPT' 데모 웹사이트 개설 • 검색, 채팅, 요약, 문서작성, 코딩 등 내부 직원 업무 효율성 제고에 적용 검토
신한은행	• 생성형 AI의 금융서비스 적용 전담 TF 출범 • 글로벌 기업 외 KT, 네이버, LG 등 다양한 국내기업과 실증
하나은행	• 자체 금융 특화 버티컬 거대언어모델(LLM) 개발 • 하나금융융합기술원 언어모델 전문가의 참여 • 내년 고도화 예정인 하나은행 모바일 AI뱅커 등에 활용
우리은행	• 비정형데이터 자산화해 금융언어모델에 적용 • LG AI 연구원과 금융언어모델 실증 위한 컨소시엄 운영함. • 연말에 챗봇 등부터 대고객 서비스 순차적 적용 시작
NH농협은행	• 구글 Bard, ChatGPT 등 활용한 금융언어모델 실증 • 올바른 AI 활용 위한 AI거버넌스 수립 • 생성형 AI 기반 영업점 AI은행원 서비스 도입 고려

출처= 전자신문

맥킨지 보고서가 설명한 AI

McKinsey & Company는 '신용 점수를 위한 딥러닝' 보고서를 통해 AI의 이용법을 권위 있게 소개했다. 특히 대출 대상자를 선별하는 것에 대해 AI 도입의 필요성을 설명한다. AI 딥러닝은 은행과 기타 대출 기관이 누구에게 대출을 제공할지 더 나은 결정을 내릴 수 있도록 수많은 정보를 매우 빠르게 처리하는 고성능 컴퓨터와 같다.

대출 기관은 특정 정보를 사용하여 신용 점수를 부여하고 이를 통해 대출 여부를 결정한다. 그러나, 맥킨지 보고서는 AI를 기반으로 신용 점수의 생성 방식을 재구성하라고 제안한다. 특히 스스로 판단하도록 훈련된 딥러닝은 쇼핑 습관이나 청구서를 제때 납부하는 빈도와 같은 비정형 데이터를 토대로 고객에 대해 얼마나 신뢰할 수 있는지 판단한다. 딥러닝의 큰 장점 중 하나는 속도에 있다. 기존 방법보다 수년 걸리는 방대한 분량의 데이터 분석을 불과 수 초만에 초고속 처리한다.

맥킨지가 설명한 AI 장점은 이렇다.

신용 점수는 대출 상환 가능성을 알려주는 숫자이다. 전통적으로 고객의 대출 및 상환 이력을 기반으로 한다. 전통적으로 금융기관은 신용 점수를 결정할 때 몇 가지 주요 사항을 살펴본다. 청구서를 제때 납부하는가? 얼마나 많은 부채가 있는가? 최근에 새로운 신용 카드를 신청했는가? 등등...

하지만, AI는 훨씬 더 많은 데이터를 고려한다. 기존 데이터뿐만 아니라 온라인 쇼핑 습관, 소셜 미디어 활동, 심지어 은행 웹사이트와의 상호작용 등 다른 행동도 살펴본다. 딥러닝은 이러한 데이터를 자세히 분석한다.

신경망은 뇌의 컴퓨터 버전이다. 신용 평가의 맥락에서 신경망은 사용자에 대해 수신하는 모든 데이터를 처리한다. 예를 들어, 신경망은 쇼핑, 청구서 결제 등에 관한 데이터를 점수화 한다. 모든 데이터를 점수화한 신경망은 일정 패턴을 식별한다. 이를 테면 온라인에서 특정 품목을 구매하거나 소셜 미디어에 특정 내용을 게시하는 사람들이 대출금을 더 안정적으로 상환하는 경향이 있다는 것을 알아챌 것이다. 물론 특별한 이력자의 경우 그렇지 않을 것이다.

일정한 패턴이 만들어져 대출금을 제때 상환하는 사람의 패턴과 일치하면 AI는 귀하의 신용 점수를 높게 평가한다. 그렇지 않으면 점수가 낮아질 것이다.

AI는 단순히 과거 대출 상환액만 보는 것이 아니다. 대출 상환 가능성을 추론하기 위해 생활 속 다양한 활동을 심층 분석한다. 마치 친구가 돈을 빌려주기 전에 그 친구가 한 일 하나만 보고 신뢰하는 것이 아니라 그 친구의 모든 것을 고려하는 것과 같다.

AI는 탐정과 같다. AI는 구매 항목, 소셜 미디어에 올린 게시물 등 온라인에서 하는 모든 활동을 살펴보는 탐정이다. 탐정(AI)은 사용자가 돈을 어떻게 다루는지에 대한 단서를 찾는다.

시간이 지남에 따라 많은 사람들의 행동을 관찰하여 누가 일반적으로 돈을 갚고 누가 그렇지 않은지 패턴을 통해 예측한다.

예를 들어, 온라인에서 책을 많이 구매하는 사람들은 보통 대출

금을 잘 갚는다. 따라서 책을 자주 사면 탐정은 "그래, 아마 믿을 만한 사람일 거야!"라고 판단한다. 탐정이 신뢰할 수 있는 고객에게는 좋은 점수를 줄 것이다. 그렇지 않은 경우엔 약간 경계하여 낮은 점수를 줄 것이다. 간단히 말해, AI는 사용자의 온라인 행동을 살펴보고 이미 획득한 패턴과 비교한 다음 그 사용자가 돈을 잘 다루는지 추측한다. 그렇다고 판단되면 좋은 신용 점수를 받을 것이고, 확실하지 않거나 그렇지 않다면 점수가 낮을 것이다.

패턴을 찾는 것은 신경망의 몫이다. AI 신경망은 탐정의 돋보기에 비유할 수 있다. 인간의 뇌에서 뉴런은 정보를 처리하기 위해 서로 연결하고 신호를 주고 받는다. 뇌의 컴퓨터 버전인 인공 신경망은 뉴런처럼 수많은 작은 처리 지점이 함께 작동하여 데이터를 이해한다.

은행과 대출 기관은 돈을 잘 갚는 사람에게만 돈을 빌려주기를 원한다. AI와 딥러닝을 사용하면 이전보다 훨씬 더 많은 정보를 살펴보고 더 복잡한 방식으로 파악한다. 단순히 이전 대출금을 상환했는지 여부만 확인하는 것이 아니라, 더 넓은 의미에서 고객의 행동과 습관을 이해하는 것을 의미한다.

은행 문턱이 높은 고객에 대한 평가 방법

AI와 대체 데이터가 어떻게 금융 소외 계층에 더 접근하는지에 대한 설명이다.

통상 전통적인 은행 여신은 과거 신용 기록에 따라 진행하는게 대부분이다. 그러나, 은행을 이용하지 않거나 할 수 없는 사람들은 공식적인 신용 기록이 없기 때문에 종래 평가로는 파악할 수 없다. 여기에 새로운 모델이 등장했는데 바로 대체 데이터의 통합이다. 대체 데이터 활용은 AI(머신러닝 알고리즘)의 대량의 통계 분석 기법이 발달하면서 활용폭을 넓이고 있다.

휴대폰 데이터 : 사용 패턴, 통화 기록, SMS 로그, 데이터 사용량, 심지어 앱 설치까지 개인의 행동과 신뢰도에 대한 정보를 파악한다.

소셜 미디어 활동 : 온라인에서의 인터페이스 방식, 네트워크, 커뮤니케이션의 일관성을 통해 신용도를 예측한다.

공과금 납부 : 수도, 전기, 임대료와 같은 공과금을 꾸준히 납부하는 것은 신뢰성을 나타내는 지표이다.

이커머스 거래 : 온라인 플랫폼에서의 구매 내역, 빈도, 행동도 대체 데이터 소스이다.

행동 패턴 분석 : AI 분석 툴을 기반으로 온라인 양식을 작성하는 방식, 특정 섹션에서 보내는 시간, 앱 탐색 방식 등 미묘한 행동 패턴을 분석한다. 이러한 미세한 패턴을 통해 개인의 성격과 신용도에 대한 정보를 획득한다.

지리 공간 데이터 : AI는 개인의 이동 패턴을 분석하여 근무 장소, 이동 빈도 및 기타 행동을 파악할 수 있다. 예를 들어, 주거 지역과 비즈니스 영역 사이를 정기적으로 이동하는 경우 고용 상태 여부를 알 수 있다.

생체 인식 데이터 : 안면 인식, 지문 스캔, 음성 인식 등은 보안 조치와 신용 평가를 위한 대체 데이터 소스로 모두 사용된다.

동료 보고서 및 커뮤니티 기반 점수 : 일부 커뮤니티에서는 평소 어울리는 동료의 견해와 지역 커뮤니티 기반 피드백이 중요한 역할을 한다. 이러한 정보를 AI에 연계하면 커뮤니티의 신뢰를 기반으로 개인 신용 점수를 도출할 수 있다.

미국 온라인 은행들 사례

은행을 이용하지 못하는 금융 소외계층에게 AI와 대체 데이터를 활용하는 것은 분명 급성장하는 혁신 분야다. 은행을 이용하지 않거나 은행 서비스를 이용하지 못하는 계층에게는 신용 점수, 공식적인 고용 증명, 부동산 소유 등 기존 데이터 포인트가 존재하지 않는 경우가 대부분이다. 신용도가 높더라도 기존 금융 시스템에서는 보이지 않는 경우가 많다. 대체 데이터가 필요한 이유이다. 금융 기관은 대체 데이터를 활용해 개인 또는 기업의 재무 행동과 잠재적 신용도를 파악할 수 있다. 현재 디지털 은행과 핀테크 기업들은 대체 데이터를 활용하여, 고객 기반을 확대하고 기존 신용 기록이 없어 '신용불량자'로 간주되던 사람들에게 서비스를 제공하고 있다.

미국 디지털 은행 차임 Chime은 혁신적이다. Chime은 고객의 신용 점수에 크게 의존하지 않고 , 대신 개인의 고용 및 수입을 나타내는 지표가 될 수 금융 데이터를 광범위하게 사용한다. 특히 수수료 없는 은행으로 알려져 있다. 통상 대형 은행들은 고소득자, 높은 신용도를 가진 고객들에게 서비스를 제공하지만, 저 신용자인 일반 시민에게는 높은 수수료와 벌금 등을 부과한다. 차임은 결제 수수료를 고객이 아닌 비자 Visa와 같은 네트워크 파트너로부터 얻는 방식으로 무료 수수료를 지향하고 있다.

업스타트 홀딩스는 AI를 사용하여 대출자, 특히 신용 기록이 거의, 또는 전혀 없는 대출자의 신용도를 평가한다. 대출 결정을 내릴 때 교육, 직업 이력, 거주 기간과 같은 변수를 고려한다. 이러한 대안 모델을 통해 기존 은행에서는 일반적으로 대출이 거부되는 고객에게도 대출을 제공한다. 업스타트 홀딩스는 AI와 머신러닝 알고리즘을 이용해서 전통적인 금융 체계를 극복한다. 대출 신청자의 신용점수 뿐만 아니라 교육 수준과 졸업한 학교 및 전공 그리고 취업 현황까지 수집한다. 수집한 정보들을 토대로 머신러닝 알고리즘으로 분석, 고객의 신용 위험을 예측하고 대출 승인과 금리를 결정한다. 2021년에 처음으로 흑자전환을 했으며 2023년엔 큰 폭으로 주가가 상승했다.

Petal은 신용 승인 프로세스에서 대체 데이터를 사용한다. Petal은 신용 점수에만 의존하는 대신 고객이 벌어들이는 돈, 납부하는 청구서 및 기타 재무 행동을 살펴보고 신용 결정을 내린다. Petal의 신용카드는 특히 신용 기록이 없는 사람들을 대상으로 한다. 은행 데이터를 머신러닝으로 분석하여 계좌에 얼마나 많은 돈이 들어오고 나가는지, 잔액이 얼마나 자주 플러스 되는지, 기타 요인을 살펴보고 개인의 신용도를 평가한다.

미국의 전통있는 은행들도 뛰어들었다.

웰스파고는 2021년 부터 소비자의 신용도를 결정할 때 현금 흐름을 중요한 요소로 사용한다고 발표했다. 일관된 소득 패턴과 정기적인 청구서 지불 등으로 개인의 재정적 책임을 평가한다. 이를 통해 젊은 고객, 신규 이민자, 기존 신용 기록이 없는 고객 등 더 광범위한 고객층에 대출을 늘렸다.

아메리칸 익스프레스 Amex는 부동산 기록, 사업체 소유권 및 광범위한 금융 거래 등 대체 데이터 소스를 사용하여 신용도를 결정한다. 이를 통해 아멕스는 소유자 기반이 증가하고 연체율이 감소한 실적을 내고 있다.

은행이 아닌 신용 평가 전문인 익스페리언 Experian은 소비자가 공공요금 및 통신요금 납부 내역을 신용 점수에 추가하는 부스트 프로그램을 출시했다. Experian에 따르면 사용자의 60% 이상이 부스트 사용 후 즉시 신용 점수가 상승했으며, 이는 대체 데이터 통합의 긍정적인 효과를 입증한다.

선구매 후결제 BNPL 서비스를 제공하는 핀테크 회사 Affirm은 구매 내역, 구매 유형, 반품 내역과 같은 비전통적 데이터를 사용하여 사용자의 신용도를 평가한다. 이를 통해 미국 시장에서 빠르게 성장하여 6,500개 이상의 판매업체와 파트너십을 맺었다. 신용 평가에 대한 대안적인 접근 방식은 전통적인 신용을 경계하는 젊은 소비자층에게 인기가 높다.

이밖에 브루킹스 연구소는 금융 포용성, 핀테크, 대체 데이터의 역할에 대한 광범위한 연구를 수행, 금융 포용성을 개선하기 위해 대체 데이터 소스를 사용할 때의 잠재력과 과제에 대한 보고서를 냈다.

미국 소비자금융보호국 CFPB도 2017년 신용 모델링을 개선하기 위한 대체 데이터 사용에 관한 보고서를 냈다. 보고서는 비전통적 데이터 사용과 관련된 이점과 위험에 대해 설명한다 AI와 대체 데이터를 활용하면 금융 기관이 기존 금융 서비스에서 배제되었던 개인과 기업에 다가갈 수 있는 혁신적인 방법이 될 수 있다. 대체 데이터는 새로운 기회를 열어주지만, 동시에 데이터 프라이버시 보장, AI 모델의 편향성 문제도 있다.

중소기업 여신에 판도 변화 물결

미국 주요 금융 기관은 중소기업 대상의 여신을 크게 늘리기 위해 대체 데이터의 사용을 채택하고 있다. 중소기업 금융에 대한 접근 방식을 재평가하고 재정의할 수 있는 새로운 길을 열어주는데 대체 데이터는 큰 역할을 하고 있다.

JPMorgan chase는 AI와 머신러닝에 막대한 투자를 하고 있다. 이를 통해 방대한 분량의 대체 데이터를 분석한다. 금융 동향, 대출 위험, 심지어 글로벌 경제 변화를 예측하는 데 활용하고 있다. COIN(계약 인텔리전스) 프로그램은 AI를 사용하여 법률 문서를 검토하고 중요한 데이터 포인트와 조항을 추출한다. 특히 중소기업 고객을 위해 거래 데이터를 사용하여 비즈니스의 현금 흐름 패턴을 파악한다.

골드만 삭스는 디지털 기반의 소비자 대출 플랫폼을 통해 소비자 또는 기업의 상환 가능성에 대한 정보를 획득한다. 이를 토대로 기존 신용 점수를 보완하면서, 더 광범위한 고객에게 서비스를 제공한다. 대체 데이터 활용을 전문으로 하는 외부 핀테크 기업에도 투자하여 자체 개발과 외부 협업을 병행하고 있다. Marcus 플랫폼은 대체 데이터를 통합하여 대출자의 신용도를 평가한다. 기존 지표가 허용하는 것보다 더 광범위한 고객층을 확보하고 있다. 아울러 Marcus는 이를 기반으로 개인화된 대출을 제공한다.

아메리칸 익스프레스 Amex는 광범위한 거래 네트워크를 통해 정보를 획득, 기업 고객을 위한 맞춤형 대출 상품을 개발했다. 구매 행동, 상환 내역 및 기타 거래 세부 정보를 분석하여 특정 신용 솔루션을 제공한다. 특히 신용 기록이 없는 신규 비즈니스의 신용도를 평가할 때 소셜 미디어 활동 및 온라인 리뷰 등 비전통적인 데이터를 활용한다.

뱅크오브아메리카 BoA는 방대한 경상 계좌 보유자 네트워크의 데이터를 활용하고 있다. 대부분 거래 패턴, 예금 내역 및 기타 비전통적 지표가 포함된 이 데이터는 머신러닝으로 분석, 중소기업에 맞춤형 대출 솔루션과 조언을 제공하는 데 사용된다. 아울러 대체 데이터를 사용하여 중소기업의 미래 재무 건전성 또는 어려움을 예측한다. 이를 통해 문제가 심각해지기 전에 잠재적으로 재정적 조언이나 솔루션을 제공하여 사전 예방적 의사 결정을 지원한다.

씨티그룹 Citigroup은 데이터 분석 영역에서 여러 핀테크 기업과 파트너십을 맺었다.

투자 부문인 Citi Ventures는 AI 및 빅데이터 분석에 중점을 둔 스타트업에 적극적으로 투자하고 있다. 이는 향후 대체 데이터를 활용하려는 전략이다.

신용 분석 기법의 진화

대출 승인을 위한 예측 분석 : JP모건 체이스와 골드만 삭스 등은 대체 데이터 소스를 사용하여 중소기업의 대출 채무 불이행 가능성을 예측하는 예측 분석으로 활용하고 있다. 예를 들어, 중소기업이 공과금을 적시에 납부하거나 POS 시스템의 일관된 판매 기록을 통해 안정성을 평가하는 방식이다.

대체 데이터를 통합하면 금융 기관은 중소기업의 재무 행동과 잠재력에 대해 보다 균형 잡힌 시각을 가질 수 있다. 기존의 신용점수와 재무제표를 뛰어넘어 중소기업의 고유한 요구 사항을 효율적으로 반영할 수 있다. 이는 연체율 감소와 금융기관 이익으로 연결되어 중소기업이 자본에 더 쉽게 접근하도록 한다.

이커머스 및 거래 분석 : 디지털 공간에서 사업을 운영하는 중소기업의 경우, Amex는 기업은 이커머스 플랫폼의 거래 기록을 분석하여 판매 일관성과 성장 추세를 측정한다.

소셜 미디어 행동 분석 : 웰스파고 은행은 중소기업의 소셜 미디어 존재와 참여를 브랜드 건전성, 고객 만족도, 성장 잠재력의 지표로 간주한다.

맞춤형 보험 상품 : 씨티그룹은 대체 데이터를 사용하여 대출 상품뿐만 아니라 보험 상품도 맞춤화한다. 예를 들어, 중소기업 제조 부서의 IoT 데이터가 강력한 안전 및 품질 조치를 보여줄 경우, 기업 보험에 대한 보험료 할인 혜택을 제공하고 있다.

모바일 결제 및 지갑 분석 : 디지털 결제가 확산됨에 따라 Chase는 현금 흐름의 일관성, 계절성 및 기타 비즈니스 동향을 평가하기 위해 중소기업의 모바일 지갑 거래를 분석한다.

오프라인 매장을 위한 지리공간 분석 : 물리적 위치가 있는 중소기업의 경우, 기관은 위성 이미지를 사용하여 유동 인구, 위치 실행 가능성 등의 요소를 평가한다. 예를 들어, 대출을 원하는 농장은 위성 이미지를 사용하여 작물의 건강 상태, 토지 사용, 자원과의 근접성을 평가한다.

새로운 데이터 스트림에 대한 R&D : 주요 금융 기관들은 중소기업의 건전성과 성장에 대한 정보를 확보하기 위해 새로운 대체 데이터 소스, 이를테면 음성 분석, 고객 리뷰 분석 등을 연구하고 있다. 대체 데이터의 활용은 중소기업 리스크 평가를 개선하는데 도움 되고 있다.

리스크 관리 : 웰스파고는 기기 ID, 지리적 위치, 행동 생체 인식(사람이 기기와 상호 작용하는 방식)과 같은 대체 데이터를 활용하여 사기 행위를 탐지하고 방지한다. 씨티그룹은 핀테크 파트너와 협력, 대체 데이터를 통해 기존 재무 제표를 통해 볼 수 없는 성장 부문, 시장 또는 비즈니스 동향을 파악한다.

JP모건 체이스 사례 : 트레이딩 최적화

요즘 뉴욕 월가에서 가장 많이 회자되는 사례 중 하나는 JP모건 체이스이 채용한 머신러닝 알고리즘이다. JP모건 체이스의 전통 트레이딩 전략은 증권의 가격 변동이나 거래량 변화 등 시장에서 관찰되는 추세를 기반으로 수립된다. 트레이더는 증권 매수 또는 매도에 관한 의사 결정을 내릴 때 과거 데이터에 크게 의존한다. 아울러 지정학적 사건, 영향력 있는 인물의 트윗, 자연재해, 고용률의 사소한 변화 등을 변수로 포함한다. 이러한 요인과 시장 움직임 사이의 관계는 복잡하고 비선형적이기 때문에 증권사 직원이 잡아내기는 쉽지 않다.

이 문제를 해결하기 위해 JP모건 체이스는 머신러닝 모델을 활용, 글로벌 뉴스, 소셜 미디어 피드백 및 기타 대체 데이터를 분석했다.

머신러닝 알고리즘은 글로벌 뉴스 기사와 소셜 미디어의 자연어 처리 NLP를 통해 감정 중심의 시장 움직임을 예측할 수 있었다. 예를 들어, 실적 발표 자료에서 향후 주가 움직임과 상관관계가 있는 미묘한 문구를 발견했다. 이러한 문구는 인간 애널리스트가 놓칠 수 있다.

물론, JP모건 체이스의 머신러닝 모델의 정확한 세부 사항, 특히 미묘한 세부 사항은 독점적인 기술이다.

예를 들어 보겠다. 상장 기업은 재무 성과의 분기별 수익 보고서를 발표하지만, 보고서에는 매출과 이익과 같은 기본적인 수치 외에도 경영진의 토론과 분석을 포함한 풍부한 정보가 서술 섹션에 포함되어 있다. 하지만, 수십개 기업에 걸쳐 수백 페이지에 달하는 자료에서 향후 주가 움직임과 연관된 미묘한 뉘앙스나 문구를 찾기란 쉽지 않다.

따라서 JP모건 체이스의 접근 방식은 이렇다. 10년간 S&P500 기업의 수익 발표 텍스트를 NLP 모델을 통해 분석한다. 특정 문구, 단어 또는 언어 구조가 보고서 발표 후 며칠 또는 몇 주 동안 주가 변동과 일치하는지 파악하는 것이다. 예를 들어, 미묘한 문구, 즉 "어려운 시장 상황" 또는 "업계 역풍에 적응"과 같은 문구는 다음 달에 주가 하락에 영향을 미친 요인으로 파악했다.

반대로 "우리는 ...에 대한 투자에서 긍정적인 결과를 기대합니다", 또는 "우리의 미래 전략에는 ...이 포함됩니다"와 같이 미래의 긍징적인 성장으로 구성된 문장은 주가 상승에 영향을 미친다는 점이다.

불확실성 단어의 빈도가 많으면 주가 하락 또는 정체로 이어진다. 이전 보고서와 비교하여 "그럴 수도 있다", "그럴 수 있다", 또는 "잠재적으로"와 같은 단어가 증가하면 경영진의 불확실성을 나타낸다는 점이다. 이 사례는 일부의 사례로서, 금융 부문에서 머신러닝과 NLP의 실제 기능을 실증하고 있다. JP모건 체이스는 실적 발표에서 미묘한 언어의 뉘앙스를 활용함으로써 인간 분석가가 놓칠 수 있는 정보를 획득하고 있다.

머신러닝 모델은 세계 한 지역의 특정 지정학적 이벤트가 전혀 관련이 없어 보이는 시장의 주가나 통화 가치에 영향을 미치는 특정 패턴을 식별했다. 예를 들어, 유럽의 정치적 이벤트가 미국의 특정 산업 주가에 일관된 방식으로 영향을 미칠 수 있다.

아울러 금값, 채권 수익률, 특정 주식 섹터가 특정 조건에서 어떻게 함께 움직이는지 등 다차원적인 패턴을 파악했다.

개인 정보 노출 등 보안문제

AI 신경망은 방대하고 다양한 데이터에 더 적합하고 더 복잡한 연결망으로, 데이터의 복잡한 패턴과 관계를 파악하는 데 유용하다.

특히 금융 포용성을 증대시킬 수 있다. 즉 대출 기관은 AI를 통해 더 많은 인구 통계, 특히 이전에는 '대출 불가'로 간주되었던 사람들을 수용할 수 있다는 사실이다.

더 나은 리스크 관리를 기할 수 있다. 개인에 대한 전체적인 관점을 확보함으로써 대출 기관은 종종 더 많은 정보에 입각한 결정을 내릴 수 있으며, 이는 채무 불이행률의 감소로 이어진다. 빠른 대출 결정도 가능하다. 자동화 및 AI 도구는 의사 결정 프로세스의 속도를 높인다. 일부 플랫폼은 단 몇 분 만에 대출 결정이 가능하다.

그러나, AI와 다양한 데이터에 크게 의존하면서 우려의 목소리도 커지고 있다. 예를 들어, AI 모델이 특정 지역이나 인구 통계에 속한 사람들이 채무 불이행률이 높다는 경향이 있다는 사실이다.

신종 금융 사기의 등장과 예방 솔루션

사기 거래는 일반적으로 정상적인 거래보다 훨씬 적다. 오버샘플링, 언더샘플링 또는 합성 데이터 생성 SMOTE과 같은 기술을 사용하면 도움될 수 있다.

현재 AI를 이용한 대출 및 금융 사기 탐지는 금융 업계에서 필수적인 앱이 되고 있다. AI는 방대한 양의 데이터를 놀라운 속도로 분석하여, 사람이 발견하기 어렵거나 시간이 많이 걸리는 패턴을 찾아낸다.

AI는 우선 데이터를 미리 수집해놓는다. 거래 데이터, 결제 내역, 고객 행동 등을 축적한다. 이어 데이터의 어떤 부분(특징)이 사기 탐지와 가장 관련이 있는지 파악한다. 이를테면 거래 금액의 갑작스러운 급증, 비정상적인 거래 시간, 대출 신청서의 일관되지 않은 세부 정보 등이다.

비자Visa나 마스터카드 등 신용카드 기업은 거래를 모니터링하는데 AI를 사용한다. 특정 거래가 본인이 했는지 묻는 전화나 문자를 받은 적이 있다면, 이는 AI가 보내는 것이다.

페이팔 PayPal은 머신러닝을 사용하여 매일 수백만 건의 거래를 모니터링하고 의심스러운 거래에 플래그를 지정한다. 이를테면 기기 위치, IP 주소, 거래 행동과 같은 요소를 감시한다.

예를 들어, 일반적으로 소액을 인출하는 사람이 거액을 인출하기 시작하면 경고를 보낸다. 중요한 과제 중 하나는 합법적인 거래가 사기로 잘못 표시되는 오탐 관리에 있다. AI 시스템이 더욱 정교해짐에 따라 사기꾼들의 수법도 진화하고 있다.

이상한 거래를 식별하는 방법은 마치 군중 속에서 익숙한 얼굴을 식별하는 것과 마찬가지로, 기계도 데이터의 사기적 패턴을 인식하도록 학습된다(머신러닝). 사기 탐지의 경우 정상적 패턴에서 벗어나는 모든 것은 의심스러운 것으로 경고한다.

현재 금융 기관이 이러한 도구를 사용하는 이유는 먼저 속도에 있다. 머신러닝은 단 1초만에 수천 건의 거래를 처리하고 확인, 사람보다 훨씬 빠르고 능률적이다. 아울러 정확성이다. AI는 직원의 실수를 줄이고 방대한 양의 데이터를 학습하여 사기의 미묘한 힌트까지 찾아낸다.

비용 측면에서도 유리하다. 이러한 시스템을 구축하는 데는 초기 투자가 필요하지만, 미리 사기를 방지함으로써 막대한 비용을 절감하게 된다.

뱅크오브아메리카의 사기 탐지

머신러닝 모델은 의사 결정 트리, 랜덤 포레스트, 신경망, 그라데이션 부스팅 머신과 같은 고급 머신 러닝 모델은 방대한 양의 대체 데이터를 이해하는 데 필수적으로 사용된다. 이러한 모델은 대규모 데이터 집합을 학습하여 인간 분석가에게는 '보이지 않는 패턴'과 상관관계를 찾아낸다. 현재 머신러닝 모델은 미국 금융기관 운영에 필수적인 요소이다. 머신러닝 모델은 효율성, 확장성, 향상된 의사결정을 제공하기 때문이다.

미국에서 가장 큰 은행 중 하나인 뱅크오브아메리카 BOA는 매년 수십억 건의 거래를 처리한다. 이같은 방대한 거래에서 대출 사기나 신용 사기를 탐지하는 것은 마치 건초 더미에서 바늘 찾는 격이다.

BOA의 기존 사기 탐지 방법은 규칙 기반이었다. 거래 금액이 크거나 외국에서 이루어진 거래는 경고를 보낸다. 하지만, 사기꾼들은 곧바로 규칙 기반 레이더에 걸리지 않도록 활동한다. 예를 들어, 한 번의 큰 거래를 하지 않고 여러 번의 작은 거래, 쪼개기로 대응한다. 최근 BOA는 사기 탐지 시스템에 머신러닝 모델을 적용했다.

아울러 머신러닝 모델에는 거래 데이터뿐만 아니라 사용자 행동(ATM 사용 빈도, 시간, 위치), 쇼핑 패턴, 온라인 행동(온라인 뱅킹에 사용되는 디바이스 유형 등), 네트워크 분석(상호 연결된 계정 그룹 간의 패턴 식별) 등 대체 데이터도 입력했다.

은행 직원은 수백만 명의 계정 소유자의 행동을 일일리 분석하는 것은 매우 어렵다. 하지만, 머신러닝 모델은 다른 유형의 장치를 사용하거나 비정상적인 시간에 로그인하는 등 고객의 일반적인 행동에서 사소한 편차라도 잡아낸다. 이것이 잠재적인 보안 침해의 징후일 가능성도 파악한다.

특히 머신러닝 모델은 상호 연계 계정 네트워크에서 소액 이체가 중대한 사기 거래로 이어지는 패턴을 발견한다. 이러한 다단계의 분산된 접근 방식은 인간 분석가가 실시간으로 추적하는 것이 거의 불가능하다.

머신러닝 모델은 특정 카드 결제의 위치와 사기 가능성 사이의 상관관계를 발견했다. 예를 들어, 불과 몇 분이라는 짧은 시간 내에 서로 멀리 떨어진 두 건의 거래가 발생했다.

BOA의 이 사례는 서로 관련이 없어 보이는 데이터의 실타래를 머신러닝을 통해 밝혀내는 방법을 보여준다. 특히 실시간 뱅킹 시스템에서 요구되는 규모와 속도를 고려할 때 사람의 분석만으로는 이러한 정교한 탐지가 거의 불가능하다.

신용카드 사기 탐지

'오토인코더와 제한된 볼츠만 머신 기반의 딥러닝을 이용한 신용카드 사기 탐지' 제목의 논문을 소개한다.

신용카드 사기 탐지는 사용자를 속인 교묘한 신용카드 거래, 즉 사기성 거래를 찾아내는 것이다. 딥러닝은 패턴을 인식하여 복잡한 수학 문제를 풀 수 있는 똑똑한 학생이다. 여기에는 딥러닝 아키텍처인 오토인코더와 제한된 볼츠만 머신이 널리 쓰인다.

먼저 오토인코더 Autoencoders에 관한 것이다. 어린이에게 알록

달록한 레고 블록 세트를 주면서 성을 만들라고 한다. 아이가 성을 만든 후에는 레고 블록의 절반만 사용하여 동일한 성을 다시 만들도록 한다. 이 과정을 통해 어린이(또는 AI)는 어떤 블록(또는 기능)이 가장 중요한지 파악한다. 비슷한 방식으로 오토인코더는 데이터를 가장 핵심적인 기능으로 축소하고 재구성하도록 훈련된다. 오토인코더는 일반적으로 차원 축소 또는 특징 추출을 목적으로 데이터를 인코딩하는 데 사용되는 인공 신경망의 한 유형이다. 다음과 같은 구성 요소가 있다.

인코더 : 입력된 데이터를 내부 고정 크기 표현으로 축소, 즉 인코딩한다.

디코더 : 디코더는 인코더의 역방향 프로세스로 작동한다. 내부 표현에서 입력 데이터를 원래대로 재구성한다. 원본 데이터의 재구성이다. 아울러 입력과 출력(재구성된 입력) 간의 차이(또는 오류)를 최소화하도록 훈련된다.

제한된 볼츠만 머신 Restricted Boltzmann Machines, RBM은 조금 더 복잡하다. 동전을 수십 번 이상 던져 결과를 추측한다. 동전을 몇 번 던지고 나면 다음 결과를 예측하는 데 도움이 되는 패턴이나 순서를 발견할 수 있다. RBM은 이와 유사한 작업을 수행한다. 데이터에서 즉시 명확하지 않을 수 있는 숨겨진 패턴이나 관계를 찾는다. RBM을 마술 상자라고 생각하자. 통상적인 신용카드 거래 내역을 입력하면 이 상자가 스스로 일반적인 거래 패턴을 학습한다.

학습이 완료된 후 새로운 거래를 보여주면 이 상자는 학습한 내용을 바탕으로 '정상' 또는 '비정상'인지 알려준다. RBM이 사기를 탐지한 경우, 거래가 '비정상'으로 보인다고 신호를 보내는 식이다.

기술적으로 말하면, RBM은 입력(트랜잭션 데이터)에 대한 확률 분포, 즉 일반적 패턴을 학습하는 것이다. 이어 데이터에서 패턴과 관계를 포착한다. 새로운 거래가 일반적인 패턴에 맞지 않으면 사기 가능성으로 표시된다.

오토인코더와 RBM을 결합하면 AI 알고리즘이 거래의 본질을 인식하고(오토인코더) 숨겨진 관계를 이해하는 데 매우 능숙해진다 RBM. 이러한 조합을 통해 시스템은 사기성 거래와 같은 이상 거래를 잘 탐지할 수 있다. 간단히 말해, AI는 일반적인 패턴에 맞지 않는 것을 탐지하도록 훈련된 스마트 탐정이다.

오토인코더와 RBM은 신용카드 사기 탐지를 위한 유망한 툴이지만 실제 구현에는 신중한 사전 처리, 튜닝 및 검증이 필요하다. 사기 탐지 시스템을 효과적이고 최신 상태로 유지하려면 도메인 지식과 새로운 데이터를 지속적으로 업데이트해야 한다.

비자, 마스터카드의 사기 방지 툴

카드 결제 업계의 큰 손인 비자 Visa와 마스터카드 MasterCard는 안전 거래를 유지하기 위해 AI 탐정 시스템 등 첨단 기술을 가장 적극적으로 채용한다. 카드 결제시 고객의 과거 소비 습관을 기억하고 있는 AI 탐정은 순간적으로 새로운 거래가 적합한지 판단한다. 이를테면 통상 커피와 책을 주로 구매하는데 갑자기 요트를 구매한다면, AI 탐정은 이를 의심 거래로 인식해 경고를 보낸다.

지금은 글로벌 감시가 가능한 시대에 있다. 만일 뉴욕에서 한 시간 전에 커피를 결제했는데, 파리에서 결제를 시도한다면 사기 거래로 의심할 수 있다. 한 시간 안에 갈 수 없는 거리임으로 결제 시 경고를 보낸다는 것이다.

AI 탐정은 수십억 건의 거래를 분석하여 정상적인 거래와 의심스러운 거래의 패턴을 인식한다. 어린아이 수준으로 배우지만, 그 속도는 매우 빠르다. 위험해 보이는 거래의 경우, AI는 일회용 비밀번호 OTP 또는 뱅킹 앱을 통한 확인 메시지 같은 추가 확인을 요청한다.

Visa와 MasterCard는 은행, 가맹점 및 기타 이해관계자들과 협력한다. 한 기관이 새로운 유형의 사기를 감지하면 정보를 공유하여 모두가 사기를 방지하도록 협업한다.

두 카드사가 붙인 AI 탐정의 이름 가운데 하나는 '히스토리 버프 History Buffs'이다. 과거에 돈을 어떻게 사용했는지 항상 기억하고 있다. 특정 국가에서 쇼핑한 적이 없거나 고급 전자제품을 구매한 적이 없는데 갑자기 그런 구매가 발생할 당시, '히스토리 버프'가 눈썹을 치켜들고 알려준다.

둘째, '트렌드 스팟터 Trend Spotters'이다. 이는 현행 소비 트렌드와 사기 수법 관련 최신 정보를 제공한다. 사기꾼들이 전 세계적으로 사용하는 최신 사기 트렌드와 일치하는 거래를 발견하면 해당 거래에 플래그를 지정한다.

셋째, '여행 동반자 Travel Companions'이다. 이는 카드 사용 내역을 글로벌 추적하는 기술이다. 파리에서 카드를 사용했는데 30분 후에 도쿄에서 카드를 사용했다면, 그렇게 빨리 여행할 수 있는 사람은 없으니 뭔가 이상한 거래다. 즉시 경고를 보낸다.

넷째, '옵저버 The Observers'가 있다. 거래 세부 사항에 주의를 기울이는 탐정이다. 비밀번호 입력 속도나 마그네틱 긋기 또는 칩 사용 여부 등 기억하고 있다가 거래가 비정상적으로 보이면 해당 거래에 플래그를 지정해 결제를 중지 시킨다.

다섯째, '게이트키퍼'란 최후의 글로벌 방어선이다. 위의 AI 탐정이 의심 거래로 신고하면 게이트키퍼가 일시적으로 거래를 차단, 본인 여부를 확인하기 위해 알림을 보낸다. 한 쇼핑몰(또는 국가)에서 사기가 감지되면 즉시 모든 쇼핑몰(또는 관련 은행)에 세부 정보가 공유되는 시스템이다. 사기범이 다른 국가나 장소에서 동일한 수법을 시도할 경우 즉시 포착한다.

이처럼 카드 결제 업계의 두 거물인 Visa와 MasterCard는 머신러닝과 딥러닝 도구를 활용하여 매일 수백만 건의 거래를 보호한다. 마치 쇼핑몰에서 전통적인 경비원, CCTV 카메라, 첨단 보안 시스템을 혼합하여 절도범을 잡는 것과 유사하다.

머신러닝을 탑재한 AI는 훈련받은 경비원이다. 이들은 쇼핑객의 일반적인 행동을 기억하고 있으며 평소와 다르게 행동하는 사람을 발견한다. 딥러닝은 고급 CCTV 역할에 비유할 수 있다. 이는 모든 쇼핑객의 얼굴을 인식하는 첨단 CCTV 카메라와 같다. 이

전에 본 적이 없는 얼굴(또는 거래 패턴)이나 의심스러운 얼굴이 보이면 경고를 보낸다. 카메라는 시간이 지남에 따라 학습하므로 더 많은 것을 기억하며 도둑을 더 잘 찾아낸다.

마치 채용 첫날에는 잘 몰라서 놓칠 수 있다. 하지만, 100일이 지나면 경비원은 거의 모든 단골 고객과 그들의 습관을 알게 된다. 마찬가지로 AI는 더 많은 거래를 통해 더 똑똑해져서 의심스러운 활동을 더 잘 구분한다.

특히 실시간 처리 시스템이다. 카드를 결제하는 순간 초고속 계산기가 몇 밀리초 만에 거래의 위험도를 평가한다. 즉 의심 거래가 발견되면 실시간으로, 때로는 몇 밀리초 내에 확인 작업을 거쳐 고객에게 피드백 한다. 마치 계산원이 100달러 지폐를 만지는 것만으로 진짜인지 가짜인지 바로 알아채는 것과 같다.

보안 실패의 사례

그러나, 이같은 첨단 기술의 감시망에도, 사기 거래가 연 몇 차례 발생한다. 결제 보안의 최전선에 있는 Visa와 MasterCard도 보안 실패에서 자유롭지 않다. 방대한 글로벌 거래 네트워크를 보유한 거대 기업 역시 지능형 사기꾼들의 표적이 되고 있다.

이에 대한 과제와 주목할 만한 몇 가지 특징을 소개한다.

먼저 지능형 공격의 수준이 첨단 기술력을 따라잡고 있다. 사기범들은 해킹, 피싱, 멀웨어 등 고급 수법을 사용하여 카드 정보를 훔친다. 사기에 성공하는 비율이 극히 적더라도 한 번 터지면 피해는 대규모 손실과 수많은 피해자를 눈덩이처럼 발생시킨다.

빠른 디지털 전환은 양날의 칼과 같다. 현금 없는 사회와 새로운 결제 기술은 때때로 보안 기술의 속도를 앞지른다. 새로운 보안 기술이 나타나면 새로운 파괴 기술도 나타나는게 현실이다.

종종 직접 공격받는 대상은 비자나 마스터카드의 결제 시스템이 아니다. 대신 카드 데이터 보관 등 취급 기업이 공격받는다. 2013년에 발생한 Target 침해 사고는 4천만 명의 고객 신용카드 데이터가 도난당했다. 공격자는 HVAC 공급업체를 통해 액세스 권한을 얻은 후 판매 시점 시스템에 멀웨어를 설치했다. 공식 구글 플레이 스토어에서도 악성 앱들이 여럿 발견됐다. 총 여덟 개의 앱인데 전부 하켄Haken이라는 멀웨어 패밀리에 감염되어 있는 상태라고 한다. 하켄은 민감한 정보를 외부로 빼돌리고, 동시에 비싼 유료 서비스에 피해자를 몰래 가입시키는 기능을 가지고 있다.

ATM 기기 카드 스키밍 수법도 있다. 무심코 쓰는 사용자의 카드 데이터를 캡처하기 위해 ATM 기기에 물리적 장치를 설치하는 수법이다. 이는 은행과 ATM 운영자가 해결해야 할 과제이지만, Visa 및 MasterCard와 같은 카드 네트워크 역시 스키밍 방지에 나서야 한다. 국내에서는 드문 케이스이지만, 해외의 경우 때때로 ATM이나 POS 단말기에 스키밍 장치를 부착해 도둑질 한다. 무심코 카드를 집어넣으면 카드 세부 정보가 캡처된다. 이처럼 신종 피싱 사기는 나날이 발전하고 있다. 카드 소지자는 은행이나 신용카드 회사를 사칭하여 카드 세부 정보를 확인하라는 가짜 이메일이나 전화를 받는 경우도 있다.

오탐 사례도 있다. 정상 결제인데도 사기 거래라고 잘못 판단하는 경우다.

이를테면 정상 거래가 시스템에 의해 의심 거래로 지정되고 차단되어 불편을 초래하는 경우다. 이는 갑자기 많은 금액을 구매하거나 새로운 장소에서 물건을 구매할 때 발생할 수 있다. 계정 탈취 수법도 있다. 사용자를 사칭하여 쇼핑 계정을 장악하는 사례이다. 사기범이 카드 소유자의 로그인 정보를 입수, 아예 사기 구매하거나 계정 설정을 변경할 수 있다.

Visa와 MasterCard는 지속적으로 보안을 개선하고 있지만 사기꾼은 열심히 새로운 취약점을 찾고 있다.

'쉬밍'shimming 수법의 등장

먼저 가장 우려되는 것은 공급망 공격이다. 즉 우회 공격이다. 결제 시스템을 표적으로 하지 않고 소프트웨어 공급업체나 여타 서비스 제공업체와 e메일(전자메일) 등 보안 수준이 낮은 데를 노린다. 이러한 곳 중 하나에서 뚫리면 카드 결제 시스템에 백도어가 설치된다.

일반적으로 주변 서비스 제공업체 또는 밴더를 표적으로 삼는 공격이 흔하다. 공격자는 이 '약한 링크'를 손상시켜 더 광범위한 시스템에 접근할 수 있다. 솔라윈즈 공격은 결제 처리와 직접적인 관련 없지만 이러한 종류의 취약점을 보여주는 대표적인 예입니다.

솔라윈즈 사태 : 2020년 12월 포춘 500대 기업 중 400개 이상 기업이 도입 중이던 네트워크 관리 솔라윈즈가 해킹을 당했다. 솔라윈즈가 관리하던 네트워크 업데이트 파일에 악성코드가 심어졌고 이를 내려받은 MS(마이크로소프트) 등 수많은 민간 기업과 미국 국토안보부, 국방부 등 공공부문 모두 악성코드에 감염됐다. 미국 역사상 최악의 사이버 공격으로 꼽힌다.

일본 정부 해킹 사태 : 중국의 해커들이 일본 방위성의 최고 보안 등급 컴퓨터에 침투해 기밀 정보에 접근했다는 보도가 나왔다. 2023년 8월 7일 미국 워싱턴포스트 WP는 미국 국가안보국 NSA이 2020년 중국 인민해방군 PLA 소속 해커들이 일본 방위성 네트워크에 침투한 사실을 확인하고, 일본 측에 이 같은 사실을 알렸다고 전했다. 중국 해커들은 일본 내 전자메일 등 네트워크를 통해 방위성 시스템의 깊숙한 곳까지 지속해서 접근했고 전력 운용 계획과 전력 상황, 군사적 약점을 찾는데 주력했다고 한다.

API 자체가 취약해질 수 있다. 금융 세계가 더욱 상호 연결됨에 따라 애플리케이션 프로그래밍 인터페이스 API가 더욱 일반화 되고 있다. API는 데이터 전송과 통합을 용이하게 하지만, 제대로 보호하지 않으면 오히려 공격의 빌미가 된다.

딥페이크 기술의 남용은 심각하다. 고급 AI는 이제 사실적인 음성 및 비디오 사칭을 생성할 수 있다. 본인인 것처럼 사용되어 신원 확인 시스템을 속이거나 개인을 속여 승인되지 않은 거래를 유도할 수 있다.

모바일 앱의 취약함이나 클라우드 보안 취약도 위험 수준에 있다. 모바일 뱅킹 및 결제 앱이 성장함에 따라 이러한 앱의 보안을 보장하는 것이 매우 중요해졌다. 클라우드 제공업체는 강력한 보안 조치를 갖추고 있지만, 이러한 플랫폼을 잘못 구성하거나 관리가 소홀하면 민감한 데이터가 노출될 수 있다.

최근 미국 등에서 쉬밍 수법의 등장은 카드 정보 보안의 취약함을 드러내고 있다.

기존의 '스키밍' 수법은 카드 뒷면의 마그네틱 스트라이프 데이터를 훔치는 방식으로 오래된 열쇠를 복사하는 것과 같다. 하지만, 이제 많은 카드에 보호 칩(첨단 잠금 장치)이 있기 때문에 쉽지 않다. 바로 카드를 읽히는 리더기에 초박형 장치인 '쉬머'를 삽입하는 수법이다. 그러면 사용자가 카드를 사용할 때 쉬머는 카드 세부 정보를 '읽고' 저장할 수 있다. 범인은 이 장치를 회수하여 카드 세부 정보를 획득, 필요한 데이터를 얻는다.

카드 보안의 세계에서 이러한 '쉬머'는 카드 리더기에 몰래 삽입하면 칩 카드에서 일부 데이터를 수집할 수 있는 초박형 장치이다. 이 데이터는 다른 칩 카드를 복제하는 데는 충분하지 않을 수 있지만 다른 사기 행위에 사용되거나 보안이 취약한 마그네틱 스트라이프 버전의 카드를 만드는 데 사용될 수 있다.

모바일 및 디지털 지갑 취약점 : 더 많은 사용자가 Apple Pay 또는 Google 월렛과 같은 모바일 결제 솔루션을 채택하면, 이러한 플랫폼의 취약점 또는 기존 시스템과의 통합이 악용될 것이다. 이러한 취약점을 해결하려면 직원과 고객 모두 최신 위협과 이에 대처하는 방법을 알고 있어야 한다. AI 머신러닝 도구를 구현하면 비정상적이거나 악의적인 활동을 사전에 탐지하고 예방할 수 있다.

모바일 뱅킹의 취약함

모바일 앱과 클라우드 플랫폼은 편리함과 확장성을 제공하지만, 보안이 제대로 이루어지지 않을 경우 치명적 약점이 될 수 있다. 잘못된 설정, 잘못된 코딩 관행, 보안 프로토콜 미준수는 심각한 보안 침해로 이어진다.

2019년 캐피탈 원 데이터 유출(2019) 사고가 우선 거론된다.

2019년에 발생한 미국의 '캐피털 원 Capital One' 데이터 침해 사건은 대규모 데이터 유출 사례이다. 이 사건은 2019년 7월에 공개되었는데, 1억600만 명의 캐피털 원 고객의 개인 정보가 유출되었다. 사건 개요는 이렇다. 서비스 엔지니어로서 근무 중인 페이지 톰슨은 개인 정보 데이터베이스에 접근하고 고객 정보를 다운로드했다. 고객 정보에는 이름, 주소, 신용 점수, 신용카드 신청 정보, 소득 정보, 사회 보장 번호 SSN, 은행 계좌 번호 등이 들어있었다.

이 사건의 취약점은 웹 응용프로그램 방화벽 Web Application Firewall, WAF 설정의 오류였다. 페이지 톰슨은 웹 응용프로그램 방화벽 설정에 오류가 발생한 점을 알고 공격해 데이터베이스에 접근할 수 있었다. 정확한 설정 오류의 세부 정보는 공개되지 않았으나, 웹 응용 프로그램 방화벽의 설정을 신속하게 감지하고 수정하는 과정에서 문제가 발생한 것으로 추정되었다.

징가 데이터 유출(2019년)도 발생했다. 인기 모바일 게임 개발사인 Zynga는 약 2억1,800만 개의 사용자 계정에 영향을 미치는 데이터 유출 사고를 겪었다. 해커는 사용자 이름, 이메일 주소, 로그인 ID 등에 접근했다. 이는 인기 게임 중 하나에 대한 보안 조치가 미흡해 발생했다.

캠스캐너 멀웨어 사건(2019)도 있다. 안드로이드의 인기 문서 스캔 앱인 CamScanner가 앱 자체에 멀웨어가 심겨진 사건이다. 이는 개발자가 사용하는 타사 광고 SDK(소프트웨어 개발 키트) 때문이었다.

클라우드 플랫폼의 데이터베이스도 문제로 지적된다. 최근 아마존의 AWS, Google Cloud 또는 Azure 등 클라우드 플랫폼에서 데이터베이스를 보호하지 않은 채로 방치하는 사고가 수 없이 발생했다. 즉 비밀번호가 설정되어 있지 않아 데이터베이스의 위치를 아는 사람은 누구나 민감한 데이터에 액세스할 수 있었다. 2017년 1억9,800만 명의 미국 유권자 기록이 노출된 사건, 2019년 5억4,000만 명의 페이스북 사용자 기록이 잘못 구성된 AWS 스토리지 인스턴스로 인해 노출된 사건 등이다.

모바일 뱅킹 사기에서 트로이목마 수법이 일반적이다. 합법적인 앱으로 위장하며, 일단 다운로드 되면 뱅킹 자격 증명을 훔치고, 2단계 인증 코드가 포함된 SMS 메시지를 가로채고, 정보를 복사하거나 유출한다. 이벤트봇과 아누비스 트로이목마가 대표적이다.

예를 들어, 뱅크봇 트로이목마는 가짜 로그인 화면을 오버레이하여 사용자가 자격 증명을 입력하도록 속이는 방식으로 뱅킹 앱을 표적으로 한다.

클라우드 보안의 취약성

클라우드 역시 보안에 취약하기는 마찬가지다. 가장 흔한 문제 중 하나는 AmazonS3 버킷, 즉 클라우드 스토리지 서비스의 잘못된 구성이다. 버킷은 온라인 스토리지 컨테이너에 비유된다. 스토리지, 즉 컨테이너에는 가족 사진, 중요한 문서, 비밀 레시피 등 중요 개인 물건을 보관한 사물함이다. 시설 관리자(아마존)는 사물함을 대여할 때 사물함 자물쇠를 설치할지 안할지 등 옵션을 제시한다. 통상 아마존 등 대여 회사는 자유자재로 문을 열 수 있게 대여한다. 자물쇠를 설치하면 열쇠를 소지한 사람만 사물함의 내용물에 접근할 수 있다. 범죄자(해커)는 잠금장치가 해제된 사물함을 발견하면 귀중하고 사적인 물건에 모두 접근할 수 있다.

디지털 영역에서 S3 버킷을 잠금 해제 상태로 두면 인터넷에 접속해 있는 사람이라면 누구나 그 안에 있는 콘텐츠에 접근할 수 있다. 수년 동안 많은 조직에서 실수로 보관함(S3 버킷)을 열어두는 경우가 많다. 이로 인해 사용자 정보, 재무 정보, 내부 문서 등과 같은 민감한 데이터가 의도치 않게 공유되곤 한다. 특히 스토리지를 제대로 설정하지 않으면 의도치 않게 많은 사람이 접근할 수 있게 된다. 그간 단순한 감독 소홀로 인해 방대한 양의 민감한 데이터가 실수로 대중에게 노출되는 등 수많은 유명 데이터 유출 사고가 발생했다.

클라우드에서 누가 어떤 데이터에 액세스하는지 제대로 설정하지 않으면 무단 데이터 접근으로 이어진다. 예를 들어, 더 이상 회사에서 근무하지 않는 직원이 특정 데이터에 여전히 액세스할 수 있거나 하위 직급 직원이 민감한 정보에 액세스할 수 있다.

협력 업체의 취약성도 문제다. 금융기관이 클라우드 보안을 제대로 갖추고 있더라도 클라우드에 통합된 협력사 소프트웨어가 취약한 경우가 있다. 2019년 발생한 캐피털원 사고가 그런 것으로, Amazon Web Services에 저장된 데이터에 액세스해서 개인 정보가 유출되었다.

모바일 환경과 클라우드 환경은 모두 매우 복잡하고 서로 연결되어 있으므로 보안은 총체적이고 다층적이어야 한다.

종합하면, 스토리지, 즉 사물함을 잠그고 보안을 유지, 무단 액세스를 방지하기 위해 S3 버킷을 적절하게 구성하고 잠궈야 한다. 최근 아마존Amazon은 S3 버킷의 명확한 설정과 알림을 제공하기 위해 많은 노력을 기울이고 있지만 여전히 취약하다.

2017년 미 육군 중부사령부 및 태평양사령부의 방대한 민감 데이터가 보안 장치가 없는, 자물쇠가 채워지지 않은 클라우드 스토리지 버킷에서 발견되었다.

2018년에는 부모가 자녀의 휴대폰 활동을 모니터링할 수 있는 모바일 앱 TeenSafe가 보호되지 않은 서버로 인해 Apple ID 이메일 주소와 비밀번호를 포함한 수천 개의 계정 정보가 유출되었다.

클라우드 멀웨어 및 랜섬웨어 감염 문제도 불거졌다. 클라우드는 강력한 보안 기능을 갖추고 있지만 사용자가 무의식적으로 멀웨어에 감염된 파일을 업로드하면 다른 데이터로 확산되어 손상된다. 2020년 클라우드 컴퓨팅 기업 Blackbaud의 데이터 스토리지 시스템이 랜섬웨어에 감염되어 수백만 개의 기록이 노출되는 피해를 입었다.

일부 사용자의 경우 모바일 앱으로 다운로드한 비공식 소스에 의해 멀웨어 감염으로 이어진다. 멀웨어가 포함된 인기 앱의 수정된 버전이 앱 스토어를 통해 배포되곤 한다. 2016년 야후 보고에 따르면 2013년에 약 10억 개의 계정이 유출되었다. 이 유출 사건에서 많은 비판을 받았던 것 중 하나는 회사의 단순한 암호화 관행이었다.

클라우드 제공업체와 모바일 앱 개발자 모두 경계를 늦추지 말고 보안 프로토콜을 지속적으로 업데이트하여 나날이 발전하는 해킹 위협에 대비해야 한다.

블랙박스와 XAI 개념

머신러닝과 딥러닝 모델은 분류와 예측에서 탁월한 능력을 발휘하고 있지만, 모델에는 거의 항상 어느정도 비율의 가양성, 가음성 예측, 즉 오차를 용인해야 한다. 오차를 용인할 수 있지만 중요한 작업에서는 미세한 오차도 문제될 수 있다.

큰 사고를 막기 위해 AI의 불확실성의 개념을 이해할 필요가 있다. AI의 의사결정에 대한 자료나 설명이 없다면 모델은 기본적으로 블랙박스나 다름없다. 이는 큰 문제가 된다. 치명적이거나 결정적인 AI의 의사 결정(생명, 금융정책 등)은 분명해야 한다. 머니러닝과 딥러닝 모델의 의사 결정에 어떤 요소가 반영되었는지를 명확히 규명되어야 한다. 따라서 설명 가능한 AI를 추구해야 한다.

설명 가능한 AI, 즉 XAI 개념이 점차 중요해지고 있다. 설명가능한 인공지능(Explainable AI·XAI)의 개념이다. AI의 의사 결정을 사람이 이해할 수 있는 방식으로 설명할 수 있는 머신러닝 및 딥러닝이다. AI 시스템이 도대체 어떻게 의사결정이 내려지는지 사용자가 투명하게 들여다보아야 한다는 개념이다.

AI 시스템의 불명확함은 특히 의도적이든, 의도하지 않든 간에 데이터를 편향적으로 이용할 가능성이 커진다. 이는 많은 컴퓨터 과학자와 연구원들 사이에서 주요 논쟁거리다.

AI 알고리즘은 수백만, 심지어 수십억 개의 입력 데이터를 테스트하고 분석하여 최종 결과를 도출한다. 이를 통해 대기업의 의사결정에 영향을 미칠 수 있다. 이런 과정에서 결과에 이르는 근거나 과정을 명확하게 이해하지 못한다는 측면에서 일부 AI 알고리즘을 블랙박스라고 칭한다. 과학자들은 많은 새로운 변수들을 적용하면서 설명 가능한 AI, 즉 XAI 개념을 만들었다.

미국 스탠퍼드대학에서 컴퓨터 과학 전문가 스티븐 이글래시 교수는 XAI의 잠재력을 옹호하는 연구자다. 그는 "AI 시스템이 은행에서 대출 담당자를 돕는데 마침 어떤 이용자의 대출 신청을 거부하기로 한 경우, 그 사람은 합리적인 이유를 알고 싶어 할 것이다"면서 사례를 제시했다. 그의 설명에 따르면, 통상적으로 AI가 대출 신청서를 어떻게 거절했는지, 또는 신청자에 관해 다소 편견을 가질 수 있는 어떤 데이터나 알고리즘으로 작업했는지 알 수 없다. 그러나 XAI란, 의사결정의 베일을 걷어내고 AI 시스템의 내부 메커니즘을 이해하기 위해 취하는 모든 다양한 접근 방식들을 나타낸다.

또다른 간단한 사례가 있다. 고양이 이미지를 인식하도록 설계한 AI를 시험하는 방법이다. 이미지 일부분이나 조작된 AI 이미지를 제공해 이미지의 어떤 부분이 '고양이'와 일치하는지, 고양이를 인식하는 데 AI 능력이 떨어지는 부분은 어디인지를 알아내도록 하는 것이다. 이 과정을 통해 AI가 최선의 결정을 내릴 수 없는 상황을 밝혀낸다면, AI를 더욱 유연하고 탄력적으로 만들 수 있다는 게 이글래시 교수의 설명이다.

금융 마케팅에서 XAI의 활용

AI 모델은 정제된 데이터와 알고리즘을 사용하여 출력 output을 도출한다. AI 모델에 새로운 정보를 투입하면 AI 모델은 이 정보를 사용하여 보정한다. 가령 어떤 금융 서비스 희망자가 온라인 판매 사이트를 방문했을 때를 예로 들어본다. AI 모델은 이전 금융 행동, 거래 기록, 나이, 위치 및 기타 인구통계 등 해당 소비자와 관련된 데이터를 기초로 해서 맞춤 금융상품을 추천한다. AI를 통해 소비자 성향을 보다 세분화하고 맞춤 공략할 수 있다. 이 때 AI 모델이 고객을 어떻게 세분화했는지 그 방법과 이유를 이해한다면,

더 나은 마케팅 전략을 수립하고 적용할 수 있다.

이를테면 AI를 사용하여 고객을 구분한다. 예를 들어 확실한 희망자, 망설이는 희망자, 둘러만 보는 아이 쇼퍼의 세 그룹으로 나눈다. 은행은 각 그룹별로 다른 조치를 취할 수 있다.

그렇다면 AI 모델은 어디까지 설명할 수 있을까? 사용된 알고리즘의 작동 방식 같은 상세한 메커니즘을 알 필요는 없다. 하지만, 어떤 기능 또는 어떤 입력 데이터가 AI가 도출하는 제안에 영향을 미치는지는 알아내면 후속 조치를 취할 수 있다.

또 하나 사례이다. AI가 어떤 소비자를 망설이는 고객으로 정의한 것은 여러 신호를 감지한 결과다. 한 아이템 위에서 마우스가 여러 번 움직였거나 또는 결정 품목을 담아두고 오랫동안 선택하지 않고 있는 상태 등이 이런 소비자 유형이다. 이 두 경우에 대응하는 전략은 서로 다를 것이다. 전자의 경우, 고객이 관심을 보였던 아이템과 비슷한 품목들을 다양하게 추천할 수 있다. 후자의 경우, 한정된 시간 동안만 사용할 수 있는 무료배송 쿠폰을 제공하여 구매 완료를 유도할 수 있다.

정리하면 AI가 결정을 내리는 데 핵심 역할을 한 데이터가 무엇인지를 알아야 한다. 알고리즘 자체를 이해하기는 힘들지만, 어떤 요소가 그와 같은 결정을 주도했는지 알면 AI 모델을 더 효과적으로 채용할 수 있다. 설명 가능한 AI, 즉 XAI란 복잡한 전체 모델을 이해하는 것이 아니다. 그럴려면 어떻게 하는가.

첫째, AI 모델이 출력하는 결과물에 영향을 미치는 요소들을 사전 인지하는 것이다. 모델이 작동하는 방식을 이해하는 것과 달리,

특정 결과에 도달하게 된 이유를 이해하는 것이다. XAI를 통해 시스템 소유자 또는 사용자는 AI 모델의 의사결정 과정을 설명하고, 프로세스의 강점과 약점을 이해할 뿐 아니라, 시스템이 어떤 방식으로 계속 작동할 것인지를 표시할 수 있다.

둘째, 이미지 인식에서는 모델마다 서로 다른 답변을 낼 수 있다. AI 모델에게 사진의 특정 영역에 집중하라고 지시하면 AI도 서로 다른 결과를 낼 수 있다. 특정 결과나 결정을 도출하는데 사진이나 그림의 어떤 부분이 영향을 미치는지 설명할 수 있다.

하지만, 모든 AI 모델을 설명할 수는 없다는 사실을 받아들여야 한다. 의사결정 트리 decision tree와 베이시안 분류기 Bayesian classifier 같은 알고리즘이 이미지 인식이나 자연어 처리에 보다 유리하다.

XAI와 AI 모델들의 편향성

첫째, 모든 AI 모델에는 편향성이 존재한다.

정제된 데이터에 편향이 포함될 수 있기 때문이다. 알고리즘 또한 의도적이든 우연이든 편향적으로 설계될 수 있다. 그러나 모든 AI 편향이 부정적인 것은 아니라는 사실에 주목해야 한다. 편향성을 활용하여 더 정확한 예측을 도출할 수 있다. 단지 인종, 성별 등 민감한 영역에 적용되는 경우 신중하게 사용해야 한다.

설명 가능한 AI, 즉 XAI는 결정을 내리기 위해 좋은 편향을 사용하는지 나쁜 편향을 사용하는지 구분하는 데 도움을 준다. XAI

가 편향을 감지하지는 못하지만 모델이 그와 같은 결정을 내리는 이유는 이해할 수 있도록 도와준다.

둘째, XAI는 금융소비자에게 이로운 존재여야 한다.

통상적으로 AI는 데이터가 입력되는 블랙박스로 인식하는 경향이 있다. 흔히 AI가 도출하는 출력물이나 답변은 불투명한 알고리즘 집합의 결과물로 인식하곤 한다. 이런 인식들은 직관에 반하거나 심지어 틀린 것처럼 보이는 결과를 제공했을 때 많은 사람들은 AI모델을 신뢰하지 않을 것이다. 따라서 모든 사람들이 결과를 보고 그 결과의 사용 여부를 결정할 수 있도록 지원하는 역할이어야 한다. 인간을 의사결정 과정의 일부로 끌어들이고, 최종 결정이 내려지기 전에 인간이 개입할 수 있도록 함으로써 AI 모델에 대한 신뢰를 증진시켜야 한다.

조만간 AI 금융 모델이 도출하는 과정과 결정 메커니즘을 추적할 수 있고, AI 모델이 어떻게 작동하는지 설명할 수 있는 시스템이 나올 것이다.

셋째, XAI를 구축하는 또 다른 방법은 구조적으로 더 설명하기 쉬운 모델을 설계하는 것이다.

AI 개발 경쟁이 치열한 상황에서 경영자들은 AI 모델들이 어떻게 작동하는지 이해하는 것이 무엇보다 중요하다. 그래야 AI 모델의 결정을 이해할 수 있고, 원치 않는 편향을 알아챌 수 있으며, 시스템을 신뢰할 수 있다. 블랙박스로 인식되는 인공지능과 머신러닝을 사람이 들여다볼 수 있는 투명한 유리박스로 만들어야 한다.

대기업 경영과 AI 투명성의 역설

디지털 세계에서 일반화된 우스갯소리가 있다. 앞에서도 설명했지만, "쓰레기를 넣으면 쓰레기가 나온다", 즉 "Garbage in, garbage out이라는 옛말이다. AI는 과거 데이터를 토대로 학습하면서, 특히 딥러닝을 통해 스스로 학습해서 답을 내는 기계이다. 오염된 데이터를 입력하면 오염된 결과물이 나온다. 데이터 품질의 문제는 컴퓨터가 쓰이게 된 이래 계속 되어온 숙제다. AI가 방대한 분량의 데이터를 정밀 분석하여 수천, 수백만 명의 사람들에게 큰 영향을 주는 판단을 내놓는다. 하지만, 의도치 않은 결과가 나올 수 있다. AI의 판단이 어떻게 이루어지고 있는지는 실제 일반인들은 잘 알 수 없다. 인지 과학자 게리 마커스 씨는 그의 저서 'AI를 재기동하는 Rebooting 로봇'에서 이 문제를 요약해 놓았다.

"우리는 아는 것과 모르는 것이 있는데, 우리가 가장 걱정해야 할 것은 모름을 모른다는 것이다." 마커스는 최근 주목받고 있는 투명한 AI 제창자 중 한 사람이다. 마커스는 AI를 기존 관념에 얽매이지 않고 알고리즘을 공개하며, 의도하지 않는 결과가 생기지 않도록 널리 연구, 검증할 것을 촉구하고 있다.

투명성은 AI의 공정성, 차별성, 신뢰을 확보하는데 큰 도움이 된다. 예를 들어, 애플의 새로운 신용카드 사업은 성차별적인 신용대출 정책으로 비난받았다. 아마존은 여성 차별 논란을 빚은 AI 채용 프로그램을 폐기한 사실로 망신을 당한 적이 있기 때문이다.

하지만, 투명해도 기업으로선 역설적인 경우가 많다. AI의 의사결정 과정, 알고리즘에 대한 투명한 공개도 그 자체로 상당한 리스크를 안고 있다. 일종의 비즈니스 비밀이기 때문이다. 작동 원리에 대한 설명 Explanations은 해킹될 수 있고, 추가 정보를 공개할수록 공격 대상 AI가 악의적 공격에 더 취약해질 수 있다. 이는 기업에게는 엄청난 리스크로 다가올 수 있다. 관련 소송이나 규제 리스크에 휘말릴 가능성이 더 커지기 때문이다. AI의 투명성 역설 transparency paradox이란 바로 이런 것이다.

AI가 더 많은 정보를 생성하면 할수록 이점도 크지만 동시에, 새로운 리스크도 야기할 수 있다. 이러한 모순을 극복하기 위해, 기업은 AI 리스크와 이들이 생성하는 정보에 대해서 어떻게 관리해야 하는지, 이 정보가 어떻게 공유, 보호되어야 하는지 대책을 강구해야 한다.

AI 투명성의 잠재적 리스크를 보여주는 최근 연구들에서 보면, 머신러닝 알고리즘에 대한 정보의 노출이 악의적 공격에 얼마나 취약한지 설명하고 있다. UC버클리대 연구에서는 AI프로그램 설명만으로도 전체 알고리즘을 도난당할 수 있음을 증명해 보였다.

AI 모델과 알고리즘의 생성자들은 더 많은 정보를 노출할수록, 악의적 공격자들에게 공격의 빌미가 될 수 있다.

이는 인공지능 모델과 알고리즘 생성에 대한 내부 작업정보를 공개하는 것이 실제로 보안 수준을 저하시킨다는 사실이다. 회사는 회사대로 더 많은 책임에 노출된다는 것을 의미한다. 쉽게 말해 모든 데이터는 결국 리스크를 수반한다는 말이다. 다만, 많은 기업과 조직은 보안, 프라이버시, 리스크관리 등 여러 분야에서의 '투명성 역설' 문제를 오랫동안 직면하고 경험해 왔다는 점이다. 따라서, AI를 도입, 활용하려는 기업들은 반드시 인지해야 할 몇 가지가 있다.

첫째, 투명성에는 반드시 댓가가 따른다는 점이다.

물론 투명성을 달성할 가치가 없다는 것은 아니다. 다만 투명성에는 심도있는 이해가 필요한 단점도 내재되어 있다는 것을 깨달아야 한다. 이러한 투명성 댓가는 AI 리스크 관리 체계에 반드시 포함시켜야 한다. 다시말해, 설명 가능한 AI 모델을 어떻게 적용해야 하고, 어느 수준까지 관련 정보를 이해관계자들과 공유해야 하는지를 판단하고 제어하는 리스크관리 체계와 반드시 연계되어야 한다는 점이다.

둘째, 기업들은 AI 경영에서 정보보안에 더욱 고민하고 걱정해야 한다는 점이다.

AI가 비즈니스 전반에 더욱 광범위하게 채택, 활용됨에 따라, 앞으로 더 많은 보안 취약성과 버그가 발견될 것이다. 장기적 관점에서 AI 도입의 가장 큰 장벽은 보안이 될 것이다.

셋째, 리스크 관리와 법무 담당 조직을 구축해야 한다.

AI를 채택, 개발하고 비즈니스에 배치, 활용할 때 가능한 빠른 단계에서부터 이들 조직을 참여시켜야 한다. 리스크관리, 그중에서도 특히 법무 조직을 참여시킨 기업은 상상할 수 있는 인공지능 모델의 법적 취약성을 커버할 수 있다.

실제로 기업 내 법무 담당 변호사들은 비밀유지특권 legal privilege

하에 업무를 수행하고 있다. 예를 들어, 사이버보안 cybersecurity 이슈가 발생했을 때, 사내 법무담당 변호사들은 사전 리스크 평가는 물론, 사건 발생 후 대응까지 깊숙이 관여하는 것이 일반화되어 있다. AI에 있어서도 같은 접근법이 적용되어야 한다. 데이터 분석가들은 데이터는 더 많을수록 좋다고 요구한다. 하지만, 리스크관리 관점에서 보면, 데이터는 그 자체가 종종 법적 책임의 원천 중 하나로 간주될 수 있다. AI경영 시대에 간과해서는 안되는 사실이다.

AI에 의한 개인정보 유용의 문제점

대기업들이 AI 채용에서 의도치 않은 결과를 초래할 수 있다. 규칙과 규제가 필요하지만 이것들이 오히려 기업들을 옥죄는 장치도 된다. 그러나, 이것들은 절대 필요하다. 개인정보를 거래하는 등의 비윤리적인 행동을 제한하거나 제재할 수 있다. 유럽연합 EU의 일반 데이터보호규칙 GDPR은 비즈니스를 수행하는 과정에서 유출되는 개인정보를 규제하는데 목적이 있다.[9]

---

9 GDPR은 2016년 4월 27일에 채택 이후 2년 유예 후, 2018년 5월 25일부터 27개 회원국에 동일 적용됐다. GDPR 시행 후 과징금이 부과된 유형 10가지 가운데 첫 번째가 적법한 처리근거의 부족이다. 이런 기업들은 60%에 달했다. 이어 기술적·관리적 보안조치 미흡은 129건, 개인정보 처리 원칙 위반 등이다. 2020년 말까지 GDPR 위반 과징금이 가장 많이 부과된 기업은 구글로, 5000만유로(664여억원)이다. 2위는 패션의류업체 H&M으로, 2020년 10월 독일 감독기구로부터 3500만유로(465여억원)의 과징금을 맞았다. 3위는 통신업체인 텔레콤이탈리아모바일TIM로 2020년 1월 이탈리아 감독기구로부터 2780만유로(369여억원), 4위 영국항공British Airways 2200만유로(293억원), 5위는

개인 데이터를 수집하고 저장하는 개인이나 기업을 규제하는 제도이다. 예를 들어 은행이 가장 이해하기 쉽다. 은행이 알고리즘을 사용하여 대출심사를 하고 있다면, 누구에게 대출을 받게 할 것인지, 금리 결정에는 어떤 요소를 감안하고 가중치를 부여하는지 프로세스에 대해 설명해야 한다. 또 AI의 결과를 확인하고 수행하는 과정 일체를 문서로 남겨야 한다.

개인정보를 처리하는 기업뿐 아니라 인터넷·전자상거래 등을 모니터링하는 경우도 모두 적용 대상이다. 그리고, EU 내에서 수집된 개인정보의 역외 이전을 원칙적으로 금지하고 있다. 기업들이 EU 역내에서 수집된 개인정보를 한국 국내로 역외 이전하게 되면 자칫 GDPR을 위반할 수 있다. 다만 EU 역외이전을 허용하는 예외조항은 있다. EU집행위원회가 개인정보보호법 수준과 집행체계와 현황 등을 검토해 적정하다고 판단한 국가로의 이전은 허용한다. 그렇지 않은 기업은 모두 과징금 부과 등 제재 대상이다.

호텔체인인 메리어트인터내셔널로 영국 감독기구로부터 2045만유로(271억원)의 과징금을 각각 부과받았다. 대부분 고객 개인정보의 부적법하게 처리했거나 기술적·관리적 보안조치가 미흡했다는 이유에서다. 영국항공과 메리어트인터내셔널은 대규모 고객 개인정보 유출 사고로 알려진 기업들이다.

AI 금융 시스템 채용 때 유의할 점

AI 시스템을 효율적으로 이용하는 방법이 하나 있다. 그 방안 가운데 하나는 질문이 늘면 늘수록 AI대답도 늘어난다는 점이다. 주로 인사나 인재 매니지먼트, 인재개발과 관련하여 효율적인 질문이 나와야 할 것이다. AI 시스템을 도입할 때 몇 가지 유의점은 아래와 같다.

첫째, 고객의 니즈를 명확히 설정하는 일이다. 당연한 것처럼 들릴지 모른다. 하지만, 많은 AI 솔루션 구매자들은 '업무에 가장 적합한 인사를 찾는 일'이나, '고객(소비자)의 일상적인 고충을 처리하는 일' 등 자신이 희망하는 업무의 최종 결과에만 초점을 맞추고 있다. 그러나, AI 이용에서 더 중요한 기준이 있다. AI가 다음 단계를 특정하기 위해 어떠한 판단을 내리는지, 판단에 어떠한 기준이 적용되는지, 기초 데이터는 어디에서 유래하는가 등을 명확하게 해야 한다.

둘째, 차선책을 예비해둔다. AI는 항상 최선의 판단을 하도록 프로그램화 되어 있다. 하지만, 인간에게는 그럴 여유가 거의 없다. 최선의 판단과 차선의 판단을 비교하는 것이다. 논리의 미비나 인간의 설계자가 잘못해 짜 넣은 알고리즘의 편견 등을 판별할 수 있다.

편집 후기

이 책을 편집하는 동안 청년 독자에게서 받은 e메일 하나를 소개하고자 한다. 'AI, 즉 인공지능은 청년 들 일자리를 뺏을 것이기에 자신은 AI 개발이나 관련 서적의 출간을 반대한다'는 요지의 편지였다. 이 청년의 우려는 사실 수긍할 만하다. 속칭 일류대학 나와도 양질의 일자리 구하기 쉽지 않다. 그래서 본인은 이 책의 출간을 망설였고, 잘 팔리지 않으면 어쩌나 하고 출판사 측도 고민했다고 한다. 그럼에도 책 출간을 단행한 이유는 빌 게이츠의 생생한 견해와 더불어 미래 세대가 가져야 할 필수적 지식을 전하자는 것 때문이었다.

우선 청년의 고민거리는 떨쳐도 될 것이다. 단순 노동, 숙련 반복 작업 등의 직업은 사라질 것이다. 반대로 뭔가 새로 만들어내는 직업은 더욱 확산할 것이다. 본문에서 설명한 대로 인공지능은 인간이 만들어놓은 지식을 조합해서 요구자의 니즈에 맞추는 기계이다. 따라서 새로운 창의성을 요구하는 직업이나 직종은 더욱 늘어날 것이다. 사라지는 직업 수 보다도 더 새로운 직업이 창출될 것이다. 문제는 이런 세계적 조류에 누가 먼저 순응하는 것이다. 양질의 일자리를 찾을 것이 아니라, 현재 세계적 트렌드가 어떠한지 파악하고 자신을 그 흐름에 맞추는 것이다. 바로 이 것이 좋은 일자리를 찾는 방법이다.

그러 면에서 빌 게이츠는 시대를 보는 안목이 뛰어나다. 정보기술에서 가장 뛰어난 혜안을 가진 인물로 칭송받는 이유이다. 빌과 같이 일한 청년들은 돈도 많이 벌어 부자가 된 사람들이 수백명이다. 빌의 조언대로 행동하고 일했기 때문이기도 하지만, 무엇보다도 창의력을 발휘하는 작업에 매진해 온 결과이다.

테슬라 최고경영자 CEO 일론 머스크, 애플 공동창업자 스티브 워즈니악, 이미지 생성 AI '스테이블 디퓨전' 개발사인 스태빌리티AI CEO 에마드 모스타크 등은 AI의 개발을 중단하라고 촉구하고 있다. 인류에 심각한 위험이 될 수 있다는 이유 때문이었다.

그러나, 빌 게이츠의 생각은 달랐다. AI의 순기능이 더 크다고 주장하는 낙관론자다. 게이츠는 지난 5월 영국 로이터 통신과의 인터뷰에서 "AI에는 엄청난 이점이 있다는 것이 확실한 만큼 우리가 해야 할 일은 '까다로운 부분들 tricky areas'을 파악하는 것"이라고 했다. 즉 AI의 남용과 오용을 파악해 중단시키는 것이다 빌 게이츠는 구글이나 아마존 등 거대 플랫폼 기업이 사라질 것으로 내다보았다. “누가 되든 AI 개인비서를 개발하는 것은 중요한 일”이라며 “향후에는 검색엔진을 더이상 이용할 필요가 없게 되고, 아마존으로 온라인 쇼핑을 할 필요가 없으며, 생산성 사이트를 방문할 필요가 없어질 것”이라고 말했다.

무엇보다도 빌 게이츠는 이 책을 기술한대로 교육 격차, 건강 혜택 격차, 금융 격차를 줄여 보다 불평등이 없는 사회를 위해 노력하고 있다. 빌의 생각에 전적으로 공감한다. 특히 국내에서 큰 사회 문제인 지방 소멸에 대한 대책이 이 책에 비교적 친절하게 소개되어 있어 편집 및 번역의 보람을 느낀다. 지방 소멸은 미국에서도 국가적 해결 과제로 선정된 지 오래되었다.

편집 및 번역자 정 승 욱